管材绕弯成形工艺

及缺陷抑制技术

张增坤 ◎ 编著

GUANCAI RAOWAN CHENGXING GONGYI
JI QUEXIAN YIZHI JISHU

华中科技大学出版社
http://press.hust.edu.cn
中国·武汉

内容简介

本书全面系统地总结了近些年金属管材绕弯成形工艺及缺陷抑制领域的研究进展。全书共八章,内容包括管材塑性成形工艺的研究现状、管材力学性能的表征方法、绕弯成形过程数值模拟模型、绕弯成形四种缺陷(回弹、横截面畸变、失稳起皱和壁厚减薄/破裂)的力学分析模型和抑制策略。

本书可以作为高等院校或科研院所管材塑性加工工艺研究人员的参考资料,也可以作为塑性加工行业工程技术人员的工具书。

本书作者通过构建数值模拟模型的方式,对书中所描述的分析模型和成形规律进行了验证。读者在阅读本书过程中,如有疑问可直接与作者联系(Email:zhangzk@nyist.edu.cn)。

图书在版编目(CIP)数据

管材绕弯成形工艺及缺陷抑制技术/张增坤编著.—武汉:华中科技大学出版社,2024.3
ISBN 978-7-5772-0730-8

Ⅰ.①管… Ⅱ.①张… Ⅲ.①管材轧制 Ⅳ.①TG335.7

中国国家版本馆 CIP 数据核字(2024)第 065058 号

管材绕弯成形工艺及缺陷抑制技术   张增坤 编著
Guancai Raowan Chengxing Gongyi ji Quexian Yizhi Jishu

策划编辑:张 毅
责任编辑:罗 雪
封面设计:廖亚萍
责任监印:朱 玢
出版发行:华中科技大学出版社(中国·武汉)   电话:(027)81321913
　　　　　武汉市东湖新技术开发区华工科技园   邮编:430223
录　　排:武汉正风天下文化发展有限责任公司
印　　刷:武汉市洪林印务有限公司
开　　本:710mm×1000mm　1/16
印　　张:13
字　　数:255 千字
版　　次:2024 年 3 月第 1 版第 1 次印刷
定　　价:99.00 元

前　言

大承载、长续航、高可靠性和智能化是现代工业装备发展的重要方向。随着工业产品设计指标的不断提升,产品设计者对零件的材料性能、制造精度和可靠性等方面的要求也越来越高。管状零件因具有质量轻、结构性能好等优点而广泛用于航空、航天、汽车、船舶、机床和机器人等高技术领域,用来实现工业装备的气液传输和机构运动控制等功能。

塑性绕弯成形是生产气液传输类管状零件的重要工艺之一,其成形产品具有组织性能好、材料利用率高、尺寸精度高等优点。然而,管材变形时材料受力和塑性流动不均匀,往往会诱发回弹、横截面畸变、失稳起皱和壁厚减薄(破裂)等缺陷,成形缺陷的控制是制约高性能管件精确成形的技术瓶颈。

近二十年来,伴随着塑性加工理论、材料科学和计算机数字化仿真技术的发展,国内外科研机构对管材绕弯成形工艺进行了大量研究,在该领域取得了巨大进展。然而相关的研究成果主要以英文作为载体进行传播,对于国内英文基础较差的读者来说,存在明显的语言障碍。目前,国内针对管材绕弯成形工艺的学术著作依然较少。

本书作者以大口径薄壁管材绕弯成形工艺作为研究对象,参考了国内相关科研院所(如北京航空航天大学、吉林大学、哈尔滨工业大学、西北工业大学、南京航空航天大学等)的博士研究论文,在阅读了大量国内外参考文献之后,通过总结归纳完成了本书的撰写工作。本书共有八章内容,涉及管材绕弯工艺现状及发展趋势、绕弯成形数值模拟模型、绕弯成形缺陷分析模型、绕弯成形缺陷抑制策略等内容。针对弯管过程中的四种缺陷——回弹、横截面畸变、失稳起皱和壁厚减薄(破裂),详细介绍了缺陷定量描述方法、力学分析模型和数值模拟模型,总结了关键参数对绕弯成形缺陷的影响规律,并基于作者的认知范围给出了对应的缺陷抑制策略。

本书参考了国内外相关科研单位在本领域的研究成果,在此对相关的科研团队和个人表示感谢!本书受到了西北工业大学吴建军教授的悉心指导和大力支持,吴教授提出了许多宝贵意见,在此深表感谢!南阳理工学院智能制造学院的李本老师对书稿进行了校正,在此深表感谢!本书在出版过程中,得到了南阳理工学院博士科研启动基金(NGBJ-2019-1,复杂金属导管自由弯曲精确成形技术)的经费支持,在此对经费提供单位表示感谢!

　　作者在撰写本书过程中,耗费了大量的心血。但由于时间仓促且本人学术水平有限,难免存在考虑不周之处,望同行能够批评指正!

张增坤

2024 年 2 月 于南阳理工学院

目　　录

第1章 绪 论

1.1 引 言

随着"德国工业 4.0"等新兴战略的提出,产品智能化、制造精确化和结构轻量化已成为近年来工业装备制造的一个重要研究方向[1]。薄壁构件(见图 1-1)因易于满足轻质量、低能耗、高强度、高精度和高效率等方面的要求,而被广泛应用于航空航天、船舶、汽车、电子电气等诸多领域[2]。

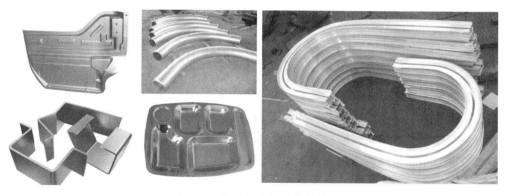

图 1-1 典型薄壁轻质量构件

目前,薄壁构件主要以板材/型材为毛坯,通过塑性加工制造出所需的形状。塑性加工是指在外力作用下,利用金属材料塑性而使其成形并获得一定力学性能的加工方法[3]。与其他加工方法(金属切削加工、铸造、焊接等)相比,金属塑性加工具有成形的管件组织性能好、材料利用率高、尺寸精度高、生产效率高等优点[4]。

薄壁管材弯曲加工工艺是金属材料塑性加工的一个分支,该工艺可将管材弯曲成各种各样的形状以适应工业装备的要求,图 1-2 所示为薄壁管件在航空航天装备油气输送系统中的应用。然而,薄壁管材的弯曲过程是一个集材料非线性、几何非线性和边界条件非线性于一体的复杂弹塑性变形过程。弯曲过程中存在回弹、截面畸变、壁厚减薄/增厚、失稳起皱和表面划伤等诸多缺陷,亟待进一步深入研究[5]。

当前,我国国民经济发展迅速,对优质、高性能管材的需求量越来越大。在这

　（a）　　　　　　　　　　　　　　　　　　　　（b）

图 1-2　航空航天装备中错综复杂的管路系统

（a）航空发动机管路系统；（b）飞机起落架管路系统

种背景下,开展管材塑性加工工艺的研究,突破高效精密塑性加工技术的瓶颈,改善管材加工质量和使用性能,必将创造出巨大的经济效益。

1.2　常见管材弯曲工艺的研究现状

　　金属管材的种类很多,如图 1-3 所示。根据管材横截面特征的不同,金属管材可以分为圆管、矩形管和异形管。根据管材壁厚特征的不同,金属管材可以分为薄壁管、厚壁管等。根据管材轴线特征的不同,金属管材可以分为定半径管、变半径管和样条管等。根据管材直径特征的不同,金属管材可以分为大口径管和小口径管等。

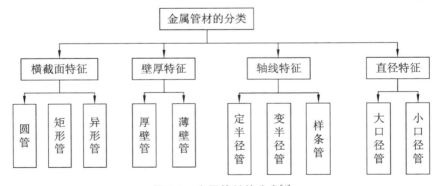

图 1-3　金属管材的分类[4]

　　管材弯曲成形方法很多,如图 1-4 所示,根据成形过程中是否加热,可分为热弯和冷弯两种工艺;根据弯曲方法划分,可分为拉弯、压弯、推弯、绕弯、滚弯和挤弯等成形工艺;根据有无填充物,可分为有芯弯曲和无芯弯曲两种工艺;根据成形过程是否具有柔性,可分为柔性弯曲和刚性弯曲;根据成形过程中弯曲段有无模具,可分为无模弯曲和有模弯曲。

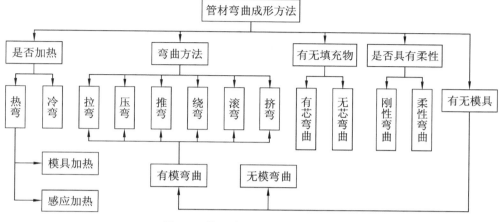

图 1-4　管材弯曲成形方法分类[4]

通常,在选择管材弯曲成形工艺时,需要综合分析成形件的几何结构特征和实际加工条件。例如,在制订平面定曲率管件弯曲成形方案时,可选择绕弯成形工艺;在制订平面变曲率管件成形方案时,可选择滚弯/推弯成形工艺;在制订空间复杂管件成形方案时,若管件数量较大且种类单一,可使用绕弯成形工艺,若种类较多,可根据实际情况设计开发自由弯管设备。

1.2.1　管材滚弯/推弯/拉弯成形工艺

滚弯工艺[6]是用三个驱动滚轮来对管材(或板材、型材)进行弯曲加工的一种工艺,如图 1-5 所示。将管材放置在滚轮中间,通过改变滚轮的间距即可实现不同弯曲半径的成形。

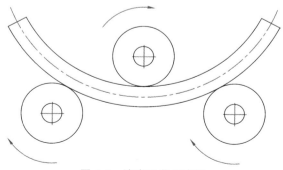

图 1-5　滚弯工艺示意图

在进行管材弯曲时,滚弯工艺对管材的弯曲半径有一定的限制,要求管材弯曲半径足够大,横截面有足够的刚性(管壁足够厚),在弯曲过程中不至于出现起皱或截面扁瘪现象。此外,滚弯工艺还可以用于实现环形管、变曲率管和螺旋管的加工。

推弯有型模推弯和柔性推弯之分。型模推弯工艺[6]如图1-6所示,作用在推杆上的推力将管材压入弯曲型模内,实现管材的弯曲成形。型模推弯工艺主要用于批量较大、管壁较厚、弯曲半径相对较大且质量要求较高的管接头的加工。由于管材的一端需要完全通过弯曲型模,因此型模推弯工艺不适用于生产两端均带有直线段的管接头。

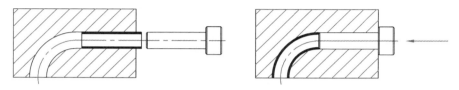

图 1-6 型模推弯工艺示意图

柔性推弯工艺[7]如图1-7所示,模具组包括夹持轮、弯曲轮、活动轮和推杆。管材置于夹持轮、活动轮和弯曲轮之间,通过控制活动轮与弯曲轮之间的相对位置(或角度)来实现不同半径的弯曲成形,推杆上施加载荷控制弯曲过程中的送进量[7]。柔性推弯工艺可用于小批量、管壁较厚、弯曲半径相对较大且质量要求较高的管接头的加工。与型模推弯工艺相比,柔性推弯工艺的适用范围更广,可以用于任意半径、任意角度或者变曲率管的加工。

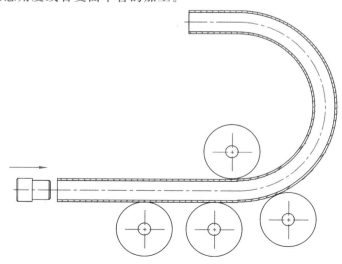

图 1-7 柔性推弯工艺示意图

1.2.2 管材绕弯成形工艺

管材绕弯成形工艺[5]如图 1-8 所示,绕弯模具组包括弯曲模、防皱模、压紧模、芯棒、芯球和夹钳。管材毛坯的一端通过夹钳固定在弯曲模上,压紧模压住管材毛坯的另外一端,夹钳带动管材毛坯绕 O 点做旋转运动,将管材毛坯绕在弯曲模上。管材毛坯内侧放置有芯棒和芯球,用来抑制管材截面变形。弯曲模旁边设置有防皱模,防止管材弯曲过程中,内侧发生起皱。

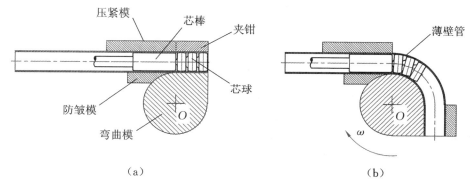

（a）　　　　　　　　　　　　　　　（b）

图 1-8　大口径薄壁管绕弯成形工艺

（a）弯曲前模具状态；（b）弯曲后模具状态

绕弯成形工艺可用于加工精度要求高、弯曲半径小的薄壁管件。由于薄壁、高精度管件在航空航天领域有着巨大的需求,其绕弯装备已相对成熟,如图 1-9 所示,其工艺研究一直是学术界研究的热点。本书在研究弯管缺陷和成形规律时,也主要针对数控绕弯成形工艺而言。

图 1-9　数控绕弯机

5

1.2.3 其他弯管工艺

近年来,复杂柔性管件产品的应用越来越广,这种爆发性需求催生了一种新兴弯管技术——自由弯曲成形技术[8]。经过近几年的发展,自由弯曲成形机理不断深化,精度不断改善。自由弯曲成形存在多种工艺方案,其中以三轴、四轴、五轴和六轴自由弯曲工艺方案应用最广。与数控机床装备类似,控制轴数越多,意味着装备的运动越灵活,对复杂工件的加工能力越强,但其运动控制越复杂,相对成本也越高。

三轴自由弯曲成形原理[9]及装备如图 1-10 所示。装备组成包括弯曲模、球面轴承、导向机构和推进机构。弯曲模具有沿 Ox 轴、Oy 轴的两个平动自由度,可在垂直于送进方向(Oz 轴)的平面内移动。导向机构使弯曲模轴线相对于送进轴线保持一定角度。推进机构推动管材毛坯,使其通过弯曲模与导向机构之间的弯曲变形区,进而成形出弯曲管件。在三轴自由弯曲成形工艺装备中,推进机构仅提供推动作用,弯曲平面的改变须借助于弯曲模在 xOy 平面内的运动合成实现。三轴自由弯曲成形工艺装备仅能实现相对弯曲半径 $\rho/D \geqslant 3.0$(其中 ρ 为弯曲半径,D 为管件外径)的管件成形。

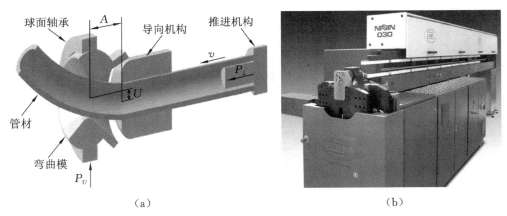

（a）　　　　　　　　　　　　　（b）

图 1-10　三轴自由弯曲成形原理及装备

（a）弯曲原理；（b）三轴自由弯曲成形装备

四轴自由弯曲成形原理及装备如图 1-11 所示,弯曲模具有绕 Ox 轴、Oz 轴的两个旋转自由度,推进机构除了具有 Oz 轴送进功能外,还具有绕 Oz 轴扭转功能,可以在推动的过程中不断变换弯曲平面。弯曲模的 Oz 旋转轴和推进机构的 Oz 旋转轴配合工作时,可实现管件姿态调整。

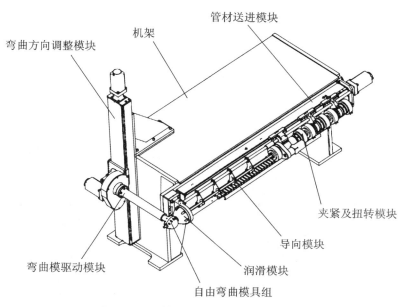

图 1-11　四轴自由弯曲成形原理及装备

　　五轴自由弯曲成形原理及装备如图 1-12 所示,送进方向为 Oz 轴,弯曲模具有沿 Ox 轴、Oy 轴的两个平动自由度,以及绕 Ox 轴、Oz 轴的两个旋转自由度。与三轴自由弯曲成形装备类似,五轴自由弯曲成形装备的推进机构仅提供送进作用,弯曲平面的改变需要借助于弯曲模的平动和旋转功能来实现。五轴自由弯曲成形可以实现相对弯曲半径较小的管件的成形。

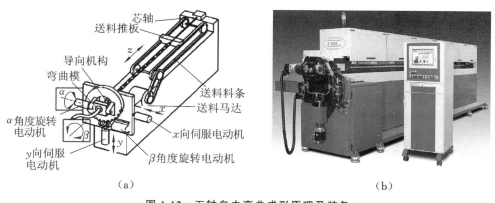

（a）　　　　　　　　　　　　　　　（b）

图 1-12　五轴自由弯曲成形原理及装备

(a)弯曲原理；(b)德国五轴自由弯曲成形装备

与五轴构型相比,六轴构型在弯曲成形构件中增加了一个伺服电动机,控制弯曲机构绕 Oz 轴的转动,以进一步提高弯曲模的转动自由度,进而可在弯曲过程中实现轴线扭曲变形。与五轴自由弯曲成形装备类似,六轴自由弯曲成形装备(如图1-13所示)也是通过控制弯曲模的运动轨迹来实现不同形状管件的弯曲成形。由于六轴自由弯曲成形装备具有更好的柔性,在管件成形的过程中,工艺参数的决策也更加灵活。

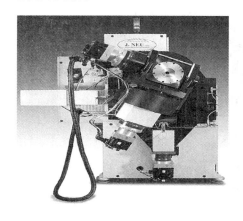 

（a）   （b）

图 1-13　六轴自由弯曲成形装备

(a)德国六轴自由弯曲成形装备;(b)日本六轴自由弯曲成形装备

1.3　管材绕弯成形缺陷的研究现状

如前所述,薄壁管材的弯曲过程是一个集材料非线性、几何非线性和边界条件非线性于一体的复杂弹塑性变形过程。成形过程中的应力应变十分复杂,成形结果受多因素的影响,容易出现各种缺陷。目前,学术界在进行绕弯成形工艺研究时,常关注的成形缺陷如下:①外侧管壁变薄甚至破裂;②内侧壁厚增厚失稳甚至起皱;③管材弯曲横截面畸变(椭圆化);④卸载后轴线方向回弹或伸长。

1.3.1　壁厚减薄(破裂)

壁厚减薄(破裂)现象主要发生在管材弯曲平面的外侧(见图1-14)。弯曲时,管材外侧材料相对于弯曲中面承受着更大的拉应力,壁厚减薄更厉害,也更容易破裂。壁厚减薄率与多重因素有关,如材料的力学特性、弯曲半径与弯曲角度、芯球数量、芯棒伸出量、模具间隙等。

现有研究发现,相对弯曲半径、弯曲角度和材料硬化指数对壁厚减薄率的影响非常显著。随着相对弯曲半径的减小和弯曲角度的增大,壁厚减薄率也随之增大。材料的硬化指数越大,越不容易发生减薄[10]。芯棒伸出量和芯球数量也会影响壁厚减薄率,随着芯棒伸出量和芯球数量的增加,壁厚减薄率也增大[11]。模具间隙增大,壁厚减薄率有减小趋势[12]。在相同的工况下,铝合金材料的壁厚减薄速率要快于不锈钢材料[13]。

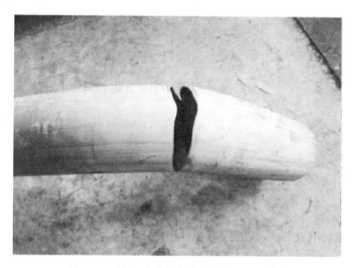

图 1-14　过度减薄引起的管材外壁破裂[14]

1.3.2　失稳起皱

管材绕弯过程中,起皱现象主要出现在管材的内侧(见图 1-15)。管材靠近弯曲模的内侧材料受到较大的挤压应力,当挤压应力过大时,管材容易发生失稳,产生起皱现象。起皱发生的影响因素很多,如:弯曲半径、相对管径、芯棒伸出量、模具间隙、摩擦系数、材料特性、加工速度等[5]。

现有研究发现,增大管材毛坯与防皱模、芯棒之间的摩擦系数,有利于减少起皱现象[5]。随着管材毛坯与防皱模间隙的增大,管材起皱风险也增加[5]。管材直径越大,起皱敏感区越大,起皱风险增加,模具间隙和摩擦系数对起皱的影响也越大[15]。当芯棒伸出量足够时,弯曲半径对管材毛坯失稳起皱的影响较小。当芯棒伸出量不大时,弯曲半径的减小会导致起皱风险增加[16]。随着管材直径的增加,由起皱所决定的最小弯曲半径逐渐增大[16]。随着硬化指数的增大,管材起

图 1-15　管材内侧起皱现象[14]

皱的趋势整体减小[17]。对于矩形管而言,较大的宽厚比和厚高比有利于提升管材的弯曲起皱极限[18]。

1.3.3　横截面畸变

弯曲过程中,管材外壁的拉应力合力和内壁的挤压应力合力都指向横截面圆心处,导致管壁材料在横截面圆周方向上产生压缩变形,进而导致横截面椭圆化。除此之外,弯曲外侧管壁因为拉应力而发生减薄,内侧管壁因为挤压应力而增厚,同样会引起横截面的非对称变形。这两种变形被称作管材横截面畸变,如图 1-16和图 1-17 所示。

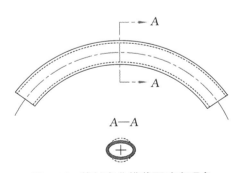

图 1-16　管材弯曲横截面畸变现象

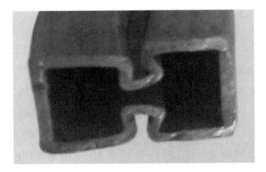

图 1-17　H 型管材绕弯横截面畸变实例[19]

在管材内侧填充芯棒和芯球,可有效减轻弯曲时的横截面畸变。此外,相对弯曲半径、弯曲角度、芯球数量、芯棒伸出量、材料特性等均可影响横截面畸变程度。

增加芯棒伸出量或者增加芯球的数量,可以明显抑制横截面畸变程度,但是会导致管材外壁减薄量增加[20]。随着弯曲角度的增大,横截面畸变表现得越明显。弯曲半径越小,无芯棒与芯球支撑段的横截面畸变越严重[20]。弯曲过程中的横截面畸变并非完全由管壁结构失稳所引起,管材内侧壁厚增大,外侧壁厚减小,也会导致管材横截面的非对称畸变[21]。相对弯曲半径较大时,弯管外侧管壁材料的径向变形较小,外侧管壁变薄是导致弯管横截面畸变的主要原因[22]。横截面畸变量最大的位置是弯曲中心角附近,并且在弯管两端与直管段相切部位也存在一定量的畸变[23]。对矩形管而言,当弯曲角度足够大时,管材产生较大的周向应力区。横截面在周向应力区出现明显的下凹变形,最大横截面畸变的位置几乎不随导管与导管之间的夹角变化而变化[24]。

1.3.4　回弹

模具卸载后,管材内部应力进一步释放,便引发了回弹(见图 1-18)。回弹会降低管材成形精度并引发一系列装配难题,严重时会导致设备性能下降或造成生产事故。在进行厚壁管材的大弯曲半径绕弯成形时,回弹是其主要缺陷。

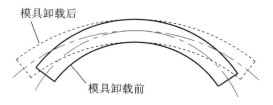

模具卸载后

模具卸载前

图 1-18　管材弯曲回弹现象

管材的回弹量常用回弹角度来表示,弯曲半径、弯曲角度、管材厚度、材料性能、模具间隙等参数均可以影响回弹角度。显著性因素从高到低依次为管材与芯棒之间的间隙、弯曲半径、管材与夹钳之间的摩擦力、管材与防皱模之间的间隙、管材与夹钳之间的间隙、增压速度系数、管材与芯棒之间的摩擦力、芯球数量[25]。

研究发现,回弹角度随弯曲速度、管模间隙、相对弯曲半径、管模摩擦力和相对辅推速度的增大而增大;随芯棒伸出长度、芯球数量和管-芯棒摩擦力的增加而减小[25];随弹性模量 E 和硬化指数 n 的增大而减小,随弯曲角度、屈服应力与弹性模量的比值(σ_s/E)、强度系数 K 的增大而增大[26]。弯曲半径与管材外径的比值(ρ/D)、强度系数和弹性模量的比值(K/E)、管壁厚度与管材外径的比值(t/D)也会影响回弹角度,回弹角度随着 ρ/D、K/E 的增大而逐渐增大,随着 t/D 的增大先增大后减小[27]。当 t/D 为定值时,回弹角度几乎不随厚度 t 和管材外径 D 的单独变化而变化,而回弹半径随管材外径 D 的增大而显著增大[28]。弯曲半径越小,回弹角度和回弹半径越小,在弯曲后期,回弹角度随弯曲角度的增大而线性增大,而回弹半径的增长随弯曲角度的增大波动不大[29]。

1.4 本章小结

本章阐述了现有文献中常见的管材加工方法,对重要的管材加工工艺做了简单介绍,这些工艺包括推弯工艺、滚弯工艺、绕弯工艺和自由弯管工艺等。此外,还对管材绕弯成形缺陷进行了简单介绍,这些缺陷包含壁厚减薄(破裂)、失稳起皱、横截面畸变和回弹。

第 2 章　管材力学性能的
表征方法的研究现状

2.1　金属材料的力学性能表征方法

　　金属材料塑性加工力学分析的准确性在很大程度上取决于材料的力学性能描述是否准确。材料的应力应变关系、硬化强化模型、屈服准则等都是影响塑性力学分析结果的关键因素。

2.1.1　材料应力应变关系曲线

　　材料的应力应变关系可以通过特定温度下的单向拉伸试验获得,即在单向拉伸试验机上对试件施加载荷,记录载荷与材料变形之间的关系。

　　应力应变曲线是反映材料在外力作用下发生的脆性、塑性、屈服、断裂等各种形变过程的曲线。该曲线的横坐标是应变 ε,纵坐标是试件横截面上的应力 σ,其过程一般分为弹性阶段、屈服阶段、强化阶段、缩颈阶段四个阶段。图 2-1 所示为低碳钢单向拉伸试验获得的应力应变曲线,图中,σ_S 和 ε_S 分别表示屈服应力和屈服应变,σ_B 和 ε_B 分别表示强度极限应力和强度极限应变。

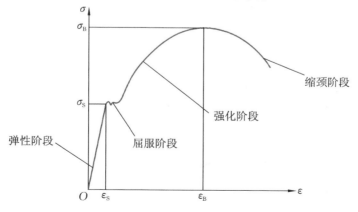

图 2-1　低碳钢单向拉伸试验获得的应力应变曲线

由单向拉伸试验获得的材料应力应变曲线称为工程应力应变曲线。工程应力应变曲线没有考虑试件拉伸过程中横截面收缩对应力应变关系的影响,不能直接用来做数值模拟。

在实际数值模拟过程中使用的材料应力应变是真实应力应变,真实应力应变与工程应力应变的关系如公式(2-1)所示。

$$\begin{cases} \varepsilon = \ln(1+\varepsilon_{nom}) \\ \sigma = \sigma_{nom}(1+\varepsilon_{nom}) \end{cases} \tag{2-1}$$

式中,σ_{nom} 和 ε_{nom} 分别表示工程应力和工程应变。

单向拉伸试件发生小应变变形时,应力 σ 与应变 ε 的比值近似为常量,该常量被称为杨氏模量(Young's modulus)或者弹性模量(elastic modulus),用字母 E 表示,表达式如公式(2-2),单位为 MPa 或 GPa。

$$E = \sigma/\varepsilon \ (\varepsilon < \varepsilon_S) \tag{2-2}$$

弹性模量是工程材料重要的力学性能参数,可视为衡量材料产生弹性变形难易程度的指标,其值越大,材料在一定应力作用下发生的弹性变形越小。

剪切模量 G 也是一个重要的材料参数,是表征材料抵抗剪切变形能力的物理量,是材料在切应力作用下,在弹性变形比例极限范围内,切应力与切应变的比值。剪切模量越大,材料在一定切应力作用下发生的弹性变形越小。

剪切模量 G 与弹性模量 E 的关系如公式(2-3)。

$$G = \frac{E}{2(1+\mu)} \tag{2-3}$$

式中,μ 表示泊松比。

单向拉伸试验中,当应力超过材料的屈服应力($\sigma > \sigma_S$)时,材料会表现出明显的塑性行为。材料的塑性变形会提高材料继续加载时的屈服应力,这一特性称为材料的工作硬化。

在学术上,将同时考虑材料变形时的弹性和硬化的应力应变关系模型称作弹塑性硬化模型。根据硬化规律的不同,弹塑性硬化模型进一步细分为弹塑性线性强化模型、霍洛蒙(Hollomon)强化模型、幂指数(power)强化模型等,如表 2-1 所示。

表 2-1　常用材料弹塑性硬化模型

模 型 类 型	数学表达式
弹塑性线性强化模型	$\sigma = \sigma_S + E_p(\varepsilon - \varepsilon_S) \ (\varepsilon > \varepsilon_S)$
霍洛蒙强化模型	$\sigma = K\varepsilon^n \ (\varepsilon > \varepsilon_S)$

模　型　类　型	数学表达式
幂指数强化模型	$\sigma = \sigma_S + K(\varepsilon - \varepsilon_S)^n (\varepsilon > \varepsilon_S)$

表中,E_p 表示塑性模量,K 为强度系数,n 为硬化指数。

2.1.2　复杂应力下的弹塑性应力应变关系

多向应力条件下,在弹性变形阶段,应力与应变之间满足广义胡克定律,如公式(2-4)所示。

$$\begin{cases} \varepsilon_x = \dfrac{1}{E}[\sigma_x - \mu(\sigma_y + \sigma_z)] \\[2mm] \varepsilon_y = \dfrac{1}{E}[\sigma_y - \mu(\sigma_x + \sigma_z)] \\[2mm] \varepsilon_z = \dfrac{1}{E}[\sigma_z - \mu(\sigma_x + \sigma_y)] \\[2mm] \gamma_{xy} = \dfrac{1}{2G}\tau_{xy}, \gamma_{yz} = \dfrac{1}{2G}\tau_{yz}, \gamma_{xz} = \dfrac{1}{2G}\tau_{xz} \end{cases} \quad (2\text{-}4)$$

式中,σ_x、σ_y 和 σ_z 为正应力分量,τ_{xy}、τ_{yz} 和 τ_{xz} 为切应力分量,ε_x、ε_y 和 ε_z 为正应变分量,γ_{xy}、γ_{yz} 和 γ_{xz} 为切应变分量。

在弹性变形阶段,应力与应变之间为线性单值对应关系,应力主轴与应变主轴重合。变形与加载历史无关,变形过程可逆。应力球张量使物体产生体积变化,材料的泊松比小于 0.5[4]。

进入塑性变形后,应力与应变之间为非线性关系,也不再是一一对应的单值关系,而与加载历史有关。目前,学术界描述材料塑性应力应变关系的理论有增量理论(Levy-Mises 理论和 Prandtl-Reuss 理论)和全量理论。

1. 增量理论[30]

Levy 和 Mises 分别于 1871 年和 1913 年建立了理想刚塑性材料的塑性流动理论,该理论基于以下四个假设:①材料是刚塑性的,即弹性应变增量为 0,塑性应变增量就是总的应变增量;②材料符合 Mises 屈服准则,即 $\sigma = \sigma_S$;③在任一加载时刻,应力主轴与应变增量主轴重合;④在塑性变形时,物体的体积不发生变化,应力增量张量就是应力增量偏张量。

Levy-Mises 理论的表述形式如公式(2-5)所示。

15

$$\begin{cases} \mathrm{d}\varepsilon_x = \dfrac{\mathrm{d}\bar{\varepsilon}}{\bar{\sigma}}\left[\sigma_x - \dfrac{1}{2}(\sigma_y + \sigma_z)\right] \\[2mm] \mathrm{d}\varepsilon_y = \dfrac{\mathrm{d}\bar{\varepsilon}}{\bar{\sigma}}\left[\sigma_y - \dfrac{1}{2}(\sigma_x + \sigma_z)\right] \\[2mm] \mathrm{d}\varepsilon_z = \dfrac{\mathrm{d}\bar{\varepsilon}}{\bar{\sigma}}\left[\sigma_z - \dfrac{1}{2}(\sigma_x + \sigma_y)\right] \\[2mm] \mathrm{d}\gamma_{xy} = \dfrac{3}{2}\dfrac{\mathrm{d}\bar{\varepsilon}}{\bar{\sigma}}\tau_{xy}, \mathrm{d}\gamma_{yz} = \dfrac{3}{2}\dfrac{\mathrm{d}\bar{\varepsilon}}{\bar{\sigma}}\tau_{yz}, \mathrm{d}\gamma_{xz} = \dfrac{3}{2}\dfrac{\mathrm{d}\bar{\varepsilon}}{\bar{\sigma}}\tau_{xz} \end{cases} \tag{2-5}$$

式中，$\bar{\sigma}$ 和 $\mathrm{d}\bar{\varepsilon}$ 分别表示等效应力和等效应变增量。

Levy-Mises 理论仅适用于理想刚塑性材料，只建立了应变增量与应力偏量之间的关系。在知道应变增量的条件下，仍无法求出应力，原因是应力球张量不能唯一确定。此外，在给定应力的条件下，只能求得应变增量各分量之间的比值，无法求出各应变增量，因为塑性条件下应变增量分量与应力分量之间并非一一对应关系。

Prandtl-Reuss 理论是在 Levy-Mises 理论的基础之上发展起来的，考虑了弹性变形部分，即总应变增量的分量由弹性和塑性两部分组成。

Prandtl-Reuss 理论的表述形式如公式（2-6）所示。

$$\begin{cases} \mathrm{d}\varepsilon'_{ij} = \dfrac{3}{2}\dfrac{\mathrm{d}\bar{\varepsilon}}{\bar{\sigma}}\sigma'_{ij} + \dfrac{1}{2G}\mathrm{d}\sigma'_{ij} \\[2mm] \mathrm{d}\varepsilon_m = \dfrac{1-2\mu}{E}\mathrm{d}\sigma_m \end{cases} \tag{2-6}$$

式中，σ'_{ij} 表示应力偏张量，$\mathrm{d}\sigma'_{ij}$ 和 $\mathrm{d}\varepsilon'_{ij}$ 分别表示应力偏张量增量和应变偏张量增量，$\mathrm{d}\sigma_m$ 和 $\mathrm{d}\varepsilon_m$ 分别表示应力球张量增量和应变球张量增量。

Prandtl-Reuss 理论与 Levy-Mises 理论的区别就在于前者考虑了弹性变形的影响。Levy-Mises 理论主要适用于大应变问题，无法求解回弹和残余应力。Prandtl-Reuss 理论主要适用于小应变及求解回弹和残余应力问题。两者都指出了塑性应变增量与应力偏量之间的关系，都能表达加载历史对变形的影响，反映复杂加载情况。通过多步加载累积求解，我们可以求得最终的应力和应变。

2. 全量理论[30]

增量理论在实际应用过程中有诸多不便，在仅知道每一瞬时的应变增量的条件下，要得到应变全量依然比较困难。因此，不少学者又提出了全量理论，在一定条件下直接建立塑性变形的全量应力应变关系。

在塑性变形条件下,只有满足比例加载的条件,才能建立全量应变与应力之间的关系。比例加载必须满足以下四个条件:①塑性变形较小,与弹性变形属于同一数量级;②加载从原点开始,外载荷各分量按比例增加,中途无卸载现象;③加载过程中应力主轴和应变主轴方向重合且固定不变;④变形体不可压缩,即泊松比为 0.5。

全量理论的表达式如公式(2-7)所示。

$$\begin{cases} \varepsilon_x = \dfrac{\bar{\varepsilon}}{\bar{\sigma}}\left[\sigma_x - \dfrac{1}{2}(\sigma_y + \sigma_z)\right] \\[2mm] \varepsilon_y = \dfrac{\bar{\varepsilon}}{\bar{\sigma}}\left[\sigma_y - \dfrac{1}{2}(\sigma_x + \sigma_z)\right] \\[2mm] \varepsilon_z = \dfrac{\bar{\varepsilon}}{\bar{\sigma}}\left[\sigma_z - \dfrac{1}{2}(\sigma_x + \sigma_y)\right] \\[2mm] \gamma_{xy} = \dfrac{3}{2}\dfrac{\bar{\varepsilon}}{\bar{\sigma}}\tau_{xy},\ \gamma_{yz} = \dfrac{3}{2}\dfrac{\bar{\varepsilon}}{\bar{\sigma}}\tau_{yz},\ \gamma_{xz} = \dfrac{3}{2}\dfrac{\bar{\varepsilon}}{\bar{\sigma}}\tau_{xz} \end{cases} \qquad (2-7)$$

公式(2-7)与公式(2-4)在结构上相似($\bar{\sigma} = E\bar{\varepsilon}$,$E = 3G$),所以塑性应力应变关系实际上可归纳为等效应力与等效应变之间的关系,该关系与材料的性质和变形条件有关,与应力状态无关。

在求解塑性变形问题时,大多数情况下很难保证比例加载,所以一般采用增量理论进行求解。在研究某一特定条件下的变形力时,以变形体的瞬时状态作为初始状态,得到的小变形全量理论结果和增量理论结果可以认为是一致的,所以全量理论至今仍然得到了应用。

2.1.3　常用的屈服准则

对于单向拉伸试件而言,当材料内部一点处的应力超过材料的屈服应力 σ_S 时,材料便由弹性状态进入塑性状态,此时屈服应力 σ_S 可以作为材料是否发生屈服的一个判断依据。然而,在复杂应力状态(多向应力状态)下,材料的屈服行为是所有应力综合作用的结果,不能用其中的任何一个应力分量来表示。在这种情形下,为了准确判断材料是否进入屈服状态,就必须依靠屈服准则。屈服准则是描述受力物体中不同应力状态下的质点进入塑性状态所必须遵循的力学条件,该力学条件可以表述为公式(2-8)。

$$\phi(\sigma_{ij}) = C \qquad (2-8)$$

式中,C 表示与材料性质有关而与应力状态无关的常数。当 $\phi(\sigma_{ij}) < C$ 时,材料处于弹性状态;当 $\phi(\sigma_{ij}) = C$ 时,材料处于屈服状态。

屈服准则有各向同性和各向异性之分,各向同性屈服准则包括 Tresca 屈服准则和 Mises 屈服准则,各向异性屈服准则包括 Hill 系列屈服准则(Hill48、Hill79 和 Hill90 等)和 Barlat 系列屈服准则(Barlat89、Barlat91、Barlat93 和 Barlat2003 等)等。目前,各向同性屈服准则已经嵌入 ABAQUS 软件中,用户可以直接使用。而各向异性屈服准则需要用户借助于 ABAQUS 软件接口开发子程序才能使用。

1. 各向同性屈服准则

Tresca 屈服准则是最早提出的屈服准则,以材料内部质点处的最大切应力是否达到一定值作为屈服判定条件,故该屈服准则又被称作最大切应力不变条件。Tresca 屈服准则可以表述为公式(2-9)。

$$\tau_{\max} = \frac{|\sigma_{\max} - \sigma_{\min}|}{2} = C \tag{2-9}$$

式中,$\tau_{\max}$ 表示最大切应力,$\sigma_{\max}$ 和 $\sigma_{\min}$ 表示绝对值最大和最小主应力,C 为与材料性质有关而与应力状态无关的常数。

Mises 屈服准则认为材料的塑性变形与应力偏张量有关,且只与应力偏张量的第二不变量有关。在一定的变形条件(变形温度、变形速度等)下,当物体内一点处的应力偏张量的第二不变量达到一定值时,材料便开始进入塑性状态。Mises 屈服准则可以表述为公式(2-10)。

$$f(\sigma_{ij}) = \frac{1}{6}\left[(\sigma_x - \sigma_y)^2 + (\sigma_y - \sigma_z)^2 + (\sigma_z - \sigma_x)^2 + 6(\tau_{xy}^2 + \tau_{yz}^2 + \tau_{xz}^2)\right]$$
$$= C \tag{2-10}$$

式中,C 为与材料性质有关而与应力状态无关的常数。

Mises 屈服准则还说明在一定变形条件下,当物体内一点处的等效应力达到某一定值时,该点便开始进入塑性状态。大量试验证明,对于大多数金属而言,Mises 屈服准则比 Tresca 屈服准则更接近试验结果。

2. 各向异性屈服准则[31]

金属材料经过轧制后,在各个方向上会表现出不同的力学性能,即为材料的各向异性。目前,用于描述材料各向异性的屈服准则有 Hill48、Hill79、Barlat89、Barlat2000 等。

Hill48 各向异性屈服准则是最常用的屈服准则,可用于描述绝大多数材料的屈服行为,其方程可以用公式(2-11)表述。

$$\phi(\sigma_{ij}) = \sqrt{F(\sigma_{22}-\sigma_{33})^2 + G(\sigma_{33}-\sigma_{11})^2 + H(\sigma_{11}-\sigma_{22})^2 + 2L\sigma_{23}^2 + 2M\sigma_{31}^2 + 2N\sigma_{12}^2}$$
$$= \bar{\sigma}$$

$$(2\text{-}11)$$

式中,F、G、H、L、M、N 为各向异性常数,其计算式如下:

$$
\begin{cases}
F = \dfrac{\bar{\sigma}^2}{2}\left(\dfrac{1}{\bar{\sigma}_{22}^2} + \dfrac{1}{\bar{\sigma}_{33}^2} - \dfrac{1}{\bar{\sigma}_{11}^2}\right) = \dfrac{1}{2}\left(\dfrac{1}{R_{22}^2} + \dfrac{1}{R_{33}^2} - \dfrac{1}{R_{11}^2}\right) \\[2mm]
G = \dfrac{\bar{\sigma}^2}{2}\left(\dfrac{1}{\bar{\sigma}_{33}^2} + \dfrac{1}{\bar{\sigma}_{11}^2} - \dfrac{1}{\bar{\sigma}_{22}^2}\right) = \dfrac{1}{2}\left(\dfrac{1}{R_{33}^2} + \dfrac{1}{R_{11}^2} - \dfrac{1}{R_{22}^2}\right) \\[2mm]
H = \dfrac{\bar{\sigma}^2}{2}\left(\dfrac{1}{\bar{\sigma}_{11}^2} + \dfrac{1}{\bar{\sigma}_{22}^2} - \dfrac{1}{\bar{\sigma}_{33}^2}\right) = \dfrac{1}{2}\left(\dfrac{1}{R_{11}^2} + \dfrac{1}{R_{22}^2} - \dfrac{1}{R_{33}^2}\right) \\[2mm]
L = \dfrac{3}{2}\left(\dfrac{\tau}{\bar{\sigma}_{23}}\right)^2 = \dfrac{3}{2R_{23}^2},\ M = \dfrac{3}{2}\left(\dfrac{\tau}{\bar{\sigma}_{13}}\right)^2 = \dfrac{3}{2R_{13}^2},\ N = \dfrac{3}{2}\left(\dfrac{\tau}{\bar{\sigma}_{12}}\right)^2 = \dfrac{3}{2R_{12}^2}
\end{cases}
$$

$$(2\text{-}12)$$

式中,$\bar{\sigma}_{ij}$ 为 σ_{ij} 作为六个应力分量中唯一的非零应力时所得的屈服应力;R_{ij} 为屈服应力比,$R_{ij} = \dfrac{\bar{\sigma}_{ij}}{\bar{\sigma}}$,其中,$\bar{\sigma} = 3\bar{\tau}$。

以 $\phi(\sigma_{ij})$ 作为塑性位势函数,根据塑性流动准则,可以得到

$$\mathrm{d}\varepsilon_{ij}^{\mathrm{p}} = \mathrm{d}\lambda\frac{\partial\phi}{\partial\sigma_{ij}} = \mathrm{d}\lambda\frac{b_{ij}}{\bar{\sigma}}$$

$$(2\text{-}13)$$

式中

$$
b_{ij} = \begin{bmatrix}
-G(\sigma_{33}-\sigma_{11}) + H(\sigma_{11}-\sigma_{22}) \\
F(\sigma_{22}-\sigma_{33}) - H(\sigma_{11}-\sigma_{22}) \\
-F(\sigma_{22}-\sigma_{33}) + G(\sigma_{33}-\sigma_{11}) \\
2N\sigma_{12} \\
2M\sigma_{31} \\
2L\sigma_{23}
\end{bmatrix}
$$

$$(2\text{-}14)$$

如果设 x、y、z 分别为轧制方向、板料面内垂直于轧制方向和板厚方向,由塑性流动准则可知,在 x 方向上有

$$\mathrm{d}\varepsilon_{11} : \mathrm{d}\varepsilon_{22} : \mathrm{d}\varepsilon_{33} = (G+H) : (-H) : (-G)$$

$$(2\text{-}15)$$

根据各向异性指数 r_0 的定义,可得

$$r_0 = \frac{\mathrm{d}\varepsilon_{22}}{\mathrm{d}\varepsilon_{33}} = \frac{H}{G}$$

$$(2\text{-}16)$$

同理,在 y 方向上有

$$\mathrm{d}\varepsilon_{11} : \mathrm{d}\varepsilon_{22} : \mathrm{d}\varepsilon_{33} = (-H) : (F+H) : (-F) \tag{2-17}$$

$$r_{90} = \frac{\mathrm{d}\varepsilon_{11}}{\mathrm{d}\varepsilon_{33}} = \frac{H}{F} \tag{2-18}$$

将公式(2-16)和公式(2-18)代入公式(2-12),可得

$$R_{11} = 1, R_{22} = \sqrt{\frac{r_{90}(r_0+1)}{r_0(r_{90}+1)}}, R_{33} = \sqrt{\frac{r_{90}(r_0+1)}{r_0+r_{90}}} \tag{2-19}$$

在与轧制方向成 θ 角的方向进行单向拉伸试验,板内的应力平衡方程为

$$\begin{cases} \sigma_{11} = \bar{\sigma}_\theta \cos^2\theta \\ \sigma_{22} = \bar{\sigma}_\theta \sin^2\theta \\ \sigma_{12} = \bar{\sigma}_\theta \sin\theta\cos\theta \end{cases} \tag{2-20}$$

式中,$\bar{\sigma}_\theta$ 为在与轧制方向成 θ 角的方向进行单向拉伸试验时的拉伸应力。

按同样的分析方法,进一步可以得到

$$r_\theta = \frac{\mathrm{d}\varepsilon_{\theta+\pi/2}}{\mathrm{d}\varepsilon_{33}} = \frac{H+(2N-F-G-4H)\sin^2\theta\cos^2\theta}{F\sin^2\theta + G\cos^2\theta} \tag{2-21}$$

因此,在与轧制方向成45°的方向进行单向拉伸试验时,有

$$r_{45} = \frac{2N-(F+G)}{2(F+G)} \tag{2-22}$$

进一步可由公式(2-16)、公式(2-18)和公式(2-22)得到

$$\frac{N}{G} = \left(r_{45} + \frac{1}{2}\right)\left(1 + \frac{r_0}{r_{90}}\right) \tag{2-23}$$

将公式(2-12)代入公式(2-23),可以得到

$$R_{12} = \sqrt{\frac{3(r_0+1)r_{90}}{(2r_{45}+1)(r_0+r_{90})}} \tag{2-24}$$

将公式(2-24)代入公式(2-12),可以得到板料各向异性常数与 r_0、r_{45}、r_{90} 之间的关系:

$$\begin{cases} F = \dfrac{r_0}{r_{90}(r_0+1)} \\[2mm] G = \dfrac{1}{r_0+1} \\[2mm] H = \dfrac{r_0}{r_0+1} \\[2mm] N = \dfrac{(r_0+r_{90})(1+2r_{45})}{2r_{90}(r_0+1)} \end{cases} \tag{2-25}$$

各向异性常数 L、M 不能由单向拉伸试验获得,通常认为 $L=M=N$。

Hill48 屈服准则不能用于描述 r 值较小($r<1$)板料(如铝合金板)的屈服行为。

Barlat89 各向异性屈服准则的方程为

$$\phi(\sigma_{ij}) = a \mid K_1 + K_2 \mid^m + a \mid K_1 - K_2 \mid^m + c \mid 2K_2 \mid^m = 2\bar{\sigma}^m \qquad (2\text{-}26)$$

式中，K_1 和 K_2 的计算式如下：

$$\begin{cases} K_1 = \dfrac{\sigma_{11} + h\sigma_{22}}{2} \\[2mm] K_2 = \sqrt{\left(\dfrac{\sigma_{11} - h\sigma_{22}}{2}\right)^2 + p^2 \sigma_{12}^2} \end{cases} \qquad (2\text{-}27)$$

其中 m 是与晶体结构有关的常数。当金属材料晶体结构为体心立方（BCC）时，m = 6；当金属材料晶体结构为面心立方（FCC）时，m = 8。a、c、h 和 p 为材料常数，对于给定的 m 值，a、h 和 p 三者是独立的材料常数，其确定方法有两种。

方法一：

$$\begin{cases} a = 2 - c = \left[2\left(\dfrac{\bar{\sigma}}{\tau_{S2}}\right)^m - 2\left(1 + \dfrac{\bar{\sigma}}{\bar{\sigma}_{90}}\right)^m\right] \Bigg/ \left[1 + \left(\dfrac{\bar{\sigma}}{\bar{\sigma}_{90}}\right)^m - \left(1 + \dfrac{\bar{\sigma}}{\bar{\sigma}_{90}}\right)^m\right] \\[4mm] h = \dfrac{\bar{\sigma}}{\bar{\sigma}_{90}} \\[4mm] p = \dfrac{\bar{\sigma}}{\tau_{S1}}\left(\dfrac{2}{2a + 2^m c}\right)^{1/m} \end{cases} \qquad (2\text{-}28)$$

式中，$\bar{\sigma}_{90}$ 为板料在 90°方向上单向拉伸时的屈服应力；τ_{S1} 表示材料在纯剪切变形（$\sigma_{11} = \sigma_{22} = 0$、$\sigma_{12} = \tau_{S1}$）时的屈服应力；$\tau_{S2}$ 为材料在 $\sigma_{22} = -\sigma_{11} = \tau_{S2}$、$\sigma_{12} = 0$ 条件下剪切变形时的屈服应力。

方法二：

通过三个不同方向上的 r_0、r_{90} 和 r_{45} 的值来确定 a、h 和 p 的值。

$$\begin{cases} a = 2 - 2\sqrt{\dfrac{r_0 r_{90}}{(1 + r_0)(1 + r_{90})}} \\[4mm] h = \sqrt{\dfrac{r_0(1 + r_{90})}{r_{90}(1 + r_0)}} \end{cases} \qquad (2\text{-}29)$$

p 的值不能直接通过表达式计算，许多研究显示，r_θ 随着 p 值的增加而增加。当 $\theta = 45°$时，p 值可以通过以下计算方法迭代计算获得。

$$g(p) = \dfrac{2m\sigma_y^m}{\left(\dfrac{\partial \phi}{\partial \sigma_{11}} + \dfrac{\partial \phi}{\partial \sigma_{22}}\right)\sigma_{45}} - 1 - r_{45} \qquad (2\text{-}30)$$

2.1.4　塑性强化模型

复杂应力状态下，材料先进入塑性状态后卸载，然后再次加载，屈服函数与已发生的塑性变形历史有关。当应力分量满足某一状态时,材料会重新进入塑性状态,发生新的塑性变形。塑性强化准则就是用来描述材料再次进入塑性状态后屈服函数在应力空间中变化情况的规则。

材料的塑性强化行为不仅与应力状态 σ_{ij} 有关,还与塑性应变 $\varepsilon_{ij}^{\mathrm{p}}$ 和强化参数 h 有关,可用公式(2-31)表示。

$$\phi(\sigma_{ij},\varepsilon_{ij}^{\mathrm{p}},h)=0 \tag{2-31}$$

对于强化材料,常用的强化准则有等向强化准则、随动强化准则和混合强化准则。

1. 等向强化准则

等向强化准则是应用最广泛的强化准则,该准则规定,材料进入塑性状态后,加载曲面的形状、中心及其在应力空间中的方位不发生变化,加载曲面沿各方向均匀扩张,如图 2-2 所示。

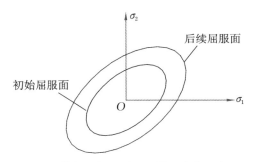

图 2-2　等向强化准则下屈服面变化示意图

等向强化的后续屈服函数与初始屈服函数具有相同的表达式。加载面仅由其加载过的最大应力值决定,与加载历史无关。

2. 随动强化准则

随动强化准则规定,材料进入塑性状态后,加载曲面在应力空间内做刚体移动,其形状、大小和方位均保持不变,如图 2-3 所示。

随动强化后续屈服函数可以表示为

$$\phi(\sigma_{ij},\varepsilon_{ij}^{\mathrm{p}},\alpha_{ij},h)=0 \tag{2-32}$$

式中,α_{ij} 是加载曲面中心在应力空间内的移动量,与材料的硬化特性及变形历史有关。

随动强化准则能够反映材料加载过程中的包申格效应(Bauschinger effect),加

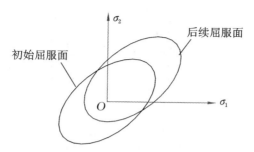

图 2-3　随动强化准则下屈服面变化示意图

载过程中,当某个方向上的屈服应力增大时,其相反方向上的屈服应力减小。

3. 混合强化准则

混合强化准则规定,材料进入塑性状态后,加载曲面在应力空间内,不仅沿各个方向均匀扩张,而且大小和方位也不断发生变化,如图 2-4 所示。

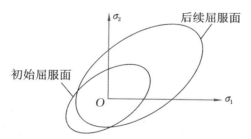

图 2-4　混合强化准则下屈服面变化示意图

2.2　现有管材力学性能试验方法

获取管材力学性能参数最便捷的方法是通过对金属材料的单向拉伸试验结果进行分析获得力学性能参数。用户依照国家标准制作单向拉伸试件,并在单向拉伸试验机(见图 2-5)上完成试验任务。提取试件试验结果,再依照国家标准对试验结果做适当处理,最终获取材料的力学性能参数。

国家标准 GB/T 228.1—2021《金属材料 拉伸试验 第 1 部分:室温试验方法》规定了金属材料拉伸试验方法的原理、试样尺寸、试验设备、试验要求、性能测定和数值修约等内容。该标准规定了各种金属产品常温拉伸试验用试样的一般要求,适用于钢铁和有色金属材料的通用拉伸试样。国家标准 GB/T 22315—2008《金属材

图 2-5 CSS-44100 电子万能试验机

料弹性模量和泊松比试验方法》规定了室温下用静态法测定金属材料弹性状态的弹性模量、弦线模量、切线模量和泊松比的原理、要求、试验设备、性能测定条件和实施步骤。航空标准 HB 5145—1996《金属管材室温拉伸试验方法》规定了金属管材室温拉伸试验的试样尺寸、试验设备、检测要求等内容,适用于 15～30 ℃室温拉伸条件下测定金属管材的屈服点、非比例伸长应力、抗拉强度、断后伸长率和断面收缩率。该标准针对不同直径的金属管材,对试样的尺寸结构进行了详细的规定,用户在制作单向拉伸试件时,按标准所示尺寸和步骤执行即可。

2.2.1 管材单向拉伸试件的制备

在制作管材单向拉伸试件时,可以采用整管试样或从管材上切取原厚度条形、带头条形、圆形试样。试样的标距 L_0 按公式(2-33)计算。

$$L_0 = 5.65\sqrt{S_0} \quad 或 \quad L_0 = 11.3\sqrt{S_0} \qquad (2\text{-}33)$$

式中,S_0 为试件的初始横截面面积。

圆形试样、条形试样平行部分长度 L_e 分别按公式(2-34)、公式(2-35)确定。

$$L_e = L_0 + d_0 \qquad (2\text{-}34)$$

$$L_e = L_0 + b_0/2 \qquad (2\text{-}35)$$

式中,d_0 为圆形试样原始直径,b_0 为条形试样原始宽度。

外径小于或等于 30 mm 的管材通常取整管试样,试样总长度 L 按公式(2-36)计算。

$$L = 10D_0 + 150 \tag{2-36}$$

式中，D_0 为管材外径。

　　试件结构如图 2-6 所示，两端塞入比管材硬度稍高的塞子，塞子不应使管材产生冷变形和松动。

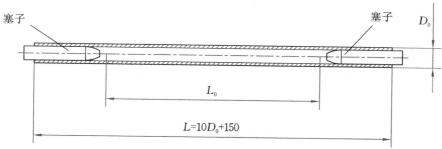

图 2-6　外径小于或等于 30 mm 的管材试件

　　外径大于 30 mm 的管材可加工成带头纵向条形试件，其形状、尺寸如图 2-7 和表 2-2 所示。

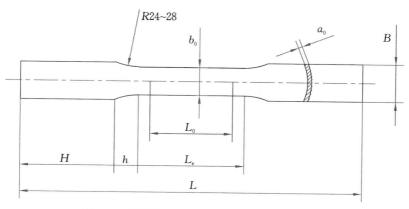

图 2-7　外径大于 30 mm 的管材纵向条形试件

表 2-2　带头条形试件尺寸　　　　　　　　　（单位：mm）

一般尺寸					短试样 $L_0 = 5.65\sqrt{S_0}$			长试样 $L_0 = 11.3\sqrt{S_0}$		
a_0	b_0	B	H	h	L_0	L_e	L	L_0	L_e	L
>0.5~0.8	10	13	40	10	—	—	—	30	35	135
>0.8~2.0	12	15	40	10	30	35	135	55	60	160

续表

一般尺寸				短试样 $L_0=5.65\sqrt{S_0}$			长试样 $L_0=11.3\sqrt{S_0}$		
>2.0~4.5	12	15	40	10	40	45	145	85	90	190
>4.5~8.0	15	20	50	11	60	65	187	125	130	252
>8.0~10.0	15	25	50	15	70	75	205	140	145	275
>10.0~12.0	20	35	50	18	90	95	231	175	180	316

注:表中 L_0 用 $5.65\sqrt{S_0}$ 按最大厚度计算,若计算值的尾数小于 2.5 则舍去,等于或大于 2.5 而小于 7.5 时取 5,等于或大于 7.5 则进为 10。

2.2.2 管材环向拉伸试件的制备

对于需要进行各向异性指数测量的管材,也可以制作出环形试件,形状如图 2-8 所示。其拉伸过程中的安装方式如图 2-9 所示,环形试件用夹紧块、内垫块和螺钉固定,夹紧后将内垫块安装到单向拉伸试验机上,进行拉伸试验。

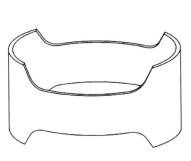

图 2-8　管材环形试件

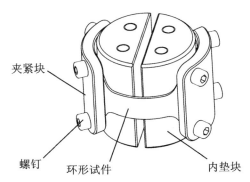

图 2-9　管材环形试件安装示意图

2.2.3 力学性能试验过程

拉伸试验过程依照国家标准 GB/T 228.1—2021《金属材料 拉伸试验 第 1 部分:室温试验方法》进行,为了避免出现绝热膨胀或绝热收缩现象,试验速度不应过高。同时,为了避免蠕变影响,试验速度也不应过低。一般对于拉伸试验,弹性应力增加速率应在 $1\sim20$ N/mm² · s⁻¹ 范围内;对于压缩试验,弹性应力增加速率应在 $1\sim10$ N/mm² · s⁻¹ 范围内,加载速度尽可能保持恒定。图 2-10 所示为铝合金

6061-T6 在试验机上的拉伸试验结果。

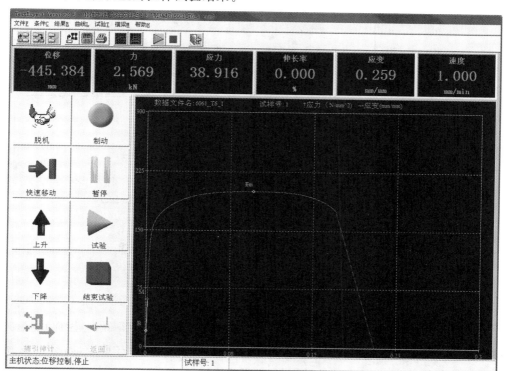

图 2-10　铝合金 6061-T6 单向拉伸试验结果

2.2.4　数据处理及基本力学性能参数测定

由单向拉伸试验直接获得的是工程应力应变关系曲线,没有考虑拉伸过程中横截面收缩的影响,仅能用来做小变形工程问题的近似计算。做大变形计算时,需要依据公式(2-1)将工程应力应变关系转化为真实应力应变关系。此外,在进行解析计算时,需要选择适当的应力应变关系模型对数据进行拟合,将离散的应力应变数据转化为函数形式。

图 2-11 所示为铝合金 6061-T6 管材的工程应力应变关系曲线、真实应力应变关系曲线和 Hollomon 模型拟合曲线。

1. 弹性模量的测定

在弹性范围内截取应力应变数据,用最小二乘法对数据进行拟合,拟合直线的斜率即为弹性模量。

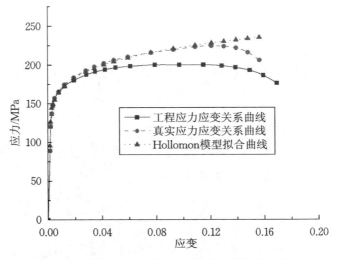

图 2-11 铝合金 6061-T6 管材的应力应变关系曲线

2. 泊松比的测定

进行单向拉伸试验时,用自动记录方法绘制试件的横向变形-纵向(轴向)变形曲线,确定弹性直线段。在弹性直线段上选取相距尽可能远的 A、B 两点,如图 2-12 所示,测量横向变形增量和纵向变形增量,根据公式(2-37)计算得到泊松比。

$$\mu = \left(\frac{\Delta_2}{L_{90}}\right) \bigg/ \left(\frac{\Delta_1}{L_0}\right) \tag{2-37}$$

式中,Δ_1 和 Δ_2 分别为横向、纵向变形量,L_0 和 L_{90} 分别为横向、纵向的标距。

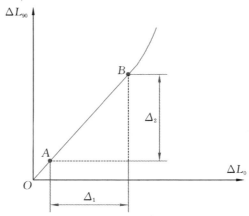

图 2-12 试件横向变形-纵向变形曲线

2.3　常见管材材料的力学性能参数

2.3.1　不锈钢 1Cr18Ni9Ti

　　1Cr18Ni9Ti 是一种稳定性非常好的不锈钢材料,其抗拉强度不小于 550 MPa,延伸率不低于 40%。在高温(400~800℃)条件下仍能保持良好的力学性能和耐腐蚀性能。与 304 合金相比,1Cr18Ni9Ti 不锈钢合金具有更好的延展性及抗应力断裂能力。

　　在航空航天领域,1Cr18Ni9Ti 是航空发动机用不锈钢材料的典型代表,被用来制造航空发动机外部油气管。表 2-3 所示为 1Cr18Ni9Ti 材料的主要化学成分。

表 2-3　1Cr18Ni9Ti 材料的主要化学成分

化学成分	C	Si	Mn	P	S	Ni	Cr	Ti
质量分数 /(%)	≤0.12	≤1.00	≤2.00	≤0.035	≤0.030	8.00~11.00	17.00~19.00	$5\times(w_C-0.02)$ ~0.80

注:表中 w_C 表示 C 的质量分数。

　　参考文献[32]给出了 1Cr18Ni9Ti 不锈钢材料的力学性能参数,如表 2-4 所示。

表 2-4　1Cr18Ni9Ti 材料的力学性能参数[32]

参数	弹性模量 E/GPa	屈服应力 σ_S/MPa	强度极限 σ_B/MPa	泊松比 μ	伸长率 $\delta/(\%)$	强度系数 K/MPa	硬化指数 n	密度 $\rho/(\mathrm{kg/m^3})$	法向各向异性指数 r_{90}
值	200	213	689	0.28	60.3	1591	0.54	7800	0.935

2.3.2　铝合金 5052O

　　5052O 为 Al-Mg 系铝合金,是应用较广的一种防锈铝,其质量轻,强度高,抗拉强度最高可达 300 MPa,伸长率可达 20% 以上,具有良好的抗疲劳特性、延展性、焊接性和耐腐蚀性。

　　在航空航天领域,5052O 铝合金材料被广泛用于制造在液体或气体中工作的低载荷零件,如油箱、油气导管、防尘罩等等。表 2-5 所示为 5052O 材料的主要化学成分。

管材绕弯成形工艺及缺陷抑制技术

表 2-5　5052O 材料的主要化学成分

化 学 成 分	Al	Si	Cu	Mg	Zn	Mn	Ti	Cr	Fe
质量分数 /（%）	其余	0.40~0.8	0.15~0.40	0.8~0.12	≤0.25	≤0.03	≤0.15	0.04~0.35	0~0.70

参考文献[32]和[33]给出了 5052O 材料的力学性能参数，如表 2-6 所示。

表 2-6　5052O 材料的力学性能参数

参数	弹性模量 E/GPa	屈服应力 σ_S/MPa	强度极限 σ_B/MPa	泊松比 μ	伸长率 δ/（%）	强度系数 K/MPa	硬化指数 n	密度 ρ/（kg/m³）	法向各向 异性指数 r_{90}
值	56	90	190	0.34	22	431	0.262	2700	0.55

2.3.3　铝合金 6061-T4

6061-T4 铝合金是经热处理预拉伸工艺生产的高品质铝合金产品，其强度高于 5 系铝合金但低于 2 系或 7 系铝合金，具有较好的机械加工性、优良的焊接性及电镀性、良好的抗腐蚀性、高韧性，还有加工后不变形等优点，广泛应用于有一定强度和抗腐蚀性要求的各种工业结构件。表 2-7 所示为 6061-T4 材料的主要化学成分。

表 2-7　6061-T4 材料的主要化学成分

化 学 成 分	Al	Si	Cu	Mg	Zn	Mn	Ti	Cr	Fe
质量分数 /（%）	其余	0.40~0.8	0.15~0.40	0.8~0.12	≤0.25	≤0.15	≤0.15	0.04~0.35	≤0.70

参考文献[11][25]和[28]给出了 6061-T4 材料的力学性能参数，如表 2-8 所示。

表 2-8　6061-T4 材料的力学性能参数

参数	弹性模量 E/GPa	屈服应力 σ_S/MPa	强度极限 σ_B/MPa	泊松比 μ	伸长率 δ/（%）	强度系数 K/MPa	硬化系数 n	密度 ρ/（kg/m³）	法向各向 异性指数 r_{90}
值[11]	58.7	164	277	0.37	25.6	527.6	0.28	2700	0.767
值[25]	55.4	169	283	—	24.2	542.8	0.28	2700	0.66

注：表中数据分别来源于参考文献[11]和[25]。

2.3.4 钛合金 TA18

TA18 是一种近 α 型钛合金材料,其名义成分为 Ti-3Al-2.5V。在室温和高温下其强度比纯钛高出 20%～50%,具有优良的焊接性能和冷加工性能。TA18 合金一般在退火状态下使用,也可在冷加工并去应力退火状态下使用,最高工作温度约为 315 ℃。目前,TA18 钛合金无缝管广泛应用于各型飞机、航天器和发动机的液压、燃油等管路系统。

国家标准 GB/T 3620.1—2016《钛及钛合金牌号和化学成分》中规定 TA18 材料的主要化学成分如表 2-9 所示。

表 2-9 TA18 材料的主要化学成分

化学成分	Ti	Al	V	Fe	C	N	H	O	其他元素	
									单个	综合
质量分数/(%)	其余	2.0～3.5	1.5～3.0	≤0.25	≤0.08	≤0.05	≤0.015	≤0.12	≤0.10	≤0.30

参考文献[29]和[34]给出了 TA18 材料的力学性能参数,如表 2-10 所示。

表 2-10 TA18 材料的力学性能参数

参数	弹性模量 E/GPa	屈服应力 σ_S/MPa	强度极限 σ_B/MPa	泊松比 μ	伸长率 δ/(%)	强度系数 K/MPa	硬化指数 n	密度 ρ/(kg/m³)	法向各向异性指数 r_{90}
值	104.9	817.5	905	—	18.75	1239.55	0.0914	4470	1.508

2.3.5 黄铜合金 H96

H96 黄铜合金的强度比纯铜高,具有良好的导电性、导热性和耐腐蚀性,材料塑性良好,易于进行冷热压力加工。此外,H96 黄铜合金也具有良好的焊接、锻造特性,无应力腐蚀开裂倾向。目前,H96 黄铜合金广泛应用于有导电性、散热性要求的场合。表 2-11 所示为 H96 材料的主要化学成分。

表 2-11 H96 材料的主要化学成分

化学成分	Cu	Ni	Fe	Pb	Zn	杂质
质量分数/(%)	95.0～97.0	≤0.5	≤0.1	≤0.03	余量	≤0.2

参考文献[35]和[36]给出了 H96 材料的力学性能参数,如表 2-12 所示。

表 2-12　H96 材料的力学性能参数[35,36]

参数	弹性模量 E/GPa	屈服应力 σ_s/MPa	泊松比 μ	伸长率 δ/(%)	强度系数 K/MPa	硬化指数 n	密度 ρ/(kg/m³)	材料常数 ε_0	法向各向异性指数 r_{90}
值	92.82	70	0.324	38	588.17	0.425	8860	0.0058	0.873

2.4　本章小结

本章总结了金属材料力学性能的表征方法,包括应力应变关系、屈服准则和强化模型等。对管材力学性能的测量方法做了简要介绍,如单向拉伸试验和管材环向拉伸试验。此外,还结合参考文献总结了常见管材材料的力学性能参数,这些材料包括不锈钢、铝合金、钛合金和黄铜合金。

第3章　管材绕弯成形过程
数值模拟分析方法

3.1　材料塑性加工数值模拟分析的基本原理

有限元法的实质是利用有限单元的集合来离散实际结构的几何形状,将实际结构网格化,并对其施加边界条件,最后根据平衡方程计算节点位移、应力和应变等物理量[37]。

以圆轴的拉伸问题为例,图 3-1 所示的圆轴可以简化为两个只能承受轴向载荷的桁架单元。在拉力 F 作用下,每个节点所受的外力和内力处于平衡状态,节点受力如图 3-2 所示。

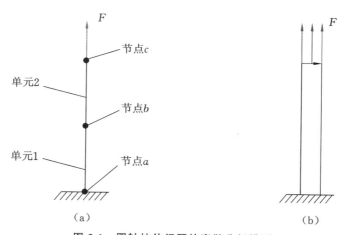

（a）　　　　　　　　　　　（b）

图 3-1　圆轴拉伸问题的离散分析模型

（a）圆轴拉伸问题的离散模型;（b）圆轴拉伸问题

假设材料仅发生弹性变形,则单元 1 的应变可以表示为

$$\varepsilon_1 = \frac{u_b - u_a}{L} \tag{3-1}$$

式中,u_a 和 u_b 分别为节点 a 和 b 的位移,L 为单元 1 的初始长度。

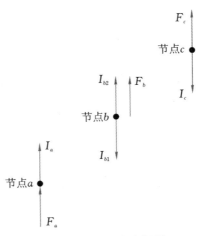

图 3-2 节点受力分析图

节点 a 处的平衡方程可以表示为

$$F_a + I_a = F_a + \frac{EA(u_b - u_a)}{L} = 0 \qquad (3\text{-}2)$$

式中，F_a 和 I_a 分别为节点 a 所受的外载荷和内力，A 为圆轴横截面面积。

节点 b 的平衡需要同时考虑单元 1 和单元 2 的内力，由此可以得到平衡方程如公式（3-3）所示。

$$F_b - I_a + I_{b1} = F_b - \frac{EA(u_b - u_a)}{L} + \frac{EA(u_c - u_b)}{L} = 0 \qquad (3\text{-}3)$$

同理可得，节点 c 的平衡方程如下：

$$F_c - I_c = F_c - \frac{EA(u_c - u_b)}{L} = 0 \qquad (3\text{-}4)$$

将公式（3-2）、公式（3-3）和公式（3-4）联立，可以得到如公式（3-5）所示的平衡方程。

$$\begin{bmatrix} F_a \\ F_b \\ F_c \end{bmatrix} - \left(\frac{EA}{L}\right) \begin{bmatrix} 1 & -1 & 0 \\ -1 & 2 & -1 \\ 0 & -1 & 1 \end{bmatrix} \begin{bmatrix} u_a \\ u_b \\ u_c \end{bmatrix} = 0 \qquad (3\text{-}5)$$

通常情况下，单元的刚度值可能不同。若将单元 1 和单元 2 的刚度值分别记作 K_1 和 K_2，可将公式（3-5）写作如下形式：

$$\begin{bmatrix} F_a \\ F_b \\ F_c \end{bmatrix} - \begin{bmatrix} K_1 & -K_1 & 0 \\ -K_1 & K_1+K_2 & -K_2 \\ 0 & -K_2 & K_2 \end{bmatrix} \begin{bmatrix} u_a \\ u_b \\ u_c \end{bmatrix} = 0 \qquad (3\text{-}6)$$

在给定外部载荷 F_a、F_c 和边界条件 $u_a = 0$ 的条件下,由上述方程可以求解出另外三个变量(u_b、u_c 和 F_b)。在得到节点位移的条件下,可进一步计算出单元上的应力值。

上述计算过程为隐式计算法,每一增量步结束时,都需要求解一次平衡方程组。此外,在有限元求解过程中还存在显式算法。显式算法与隐式算法不同,显式算法的求解是通过动态方法从一个增量步前推到下一个增量步而得到结果的。

在显式算法中,应力以波的形式传递。例如,图 3-3 所示的多节点拉伸模型中,自由端承受外载荷 F。在第一个时间增量段内,作用在节点 a 上的载荷 F 使节点 a 产生的加速度和速度分别为 $\ddot{u}_a$ 和 $\dot{u}_a$,关系如公式(3-7)所示。

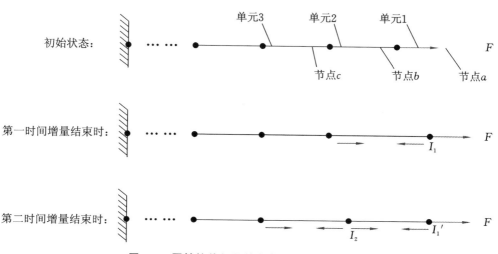

图 3-3　圆轴拉伸问题的多节点离散分析模型

$$\begin{cases} \ddot{u}_a = \dfrac{F}{m_1} \\[2mm] \dot{u}_a = \displaystyle\int \ddot{u}_a \, \mathrm{d}t \end{cases} \tag{3-7}$$

式中,m_1 为单元 1 的质量。

此时单元 1 内部的应变速率和应变增量可用公式(3-8)表示。

$$\begin{cases} \dot{\varepsilon}_1 = \dfrac{\dot{u}_a}{L_1} \\[2mm] \mathrm{d}\varepsilon_1 = \displaystyle\int \dot{\varepsilon}_1 \, \mathrm{d}t \end{cases} \tag{3-8}$$

在已知初始应变 ε_0 和应变增量 $\mathrm{d}\varepsilon_1$ 的条件下,可通过公式(3-9)计算第一时间增量段结束时单元 1 上的应力。

$$\sigma_1 = E(\varepsilon_0 + \mathrm{d}\varepsilon_1) \tag{3-9}$$

在第二个时间增量段内,单元 1 中应力产生的内力被施加至节点 b 上,此时节点 a 和节点 b 产生的加速度和速度分别用公式(3-10)和(3-11)计算。

$$\begin{cases} \ddot{u}_a = \dfrac{F - I_1}{m_1} \\ \dot{u}_a = \dot{u}_a^{\mathrm{old}} + \displaystyle\int \ddot{u}_a \, \mathrm{d}t \end{cases} \tag{3-10}$$

式中,$\dot{u}_a^{\mathrm{old}}$ 为前一时间增量段内节点 a 的速度。

$$\begin{cases} \ddot{u}_b = \dfrac{I_1}{m_2} \\ \dot{u}_b = \displaystyle\int \ddot{u}_b \, \mathrm{d}t \end{cases} \tag{3-11}$$

单元 1 和单元 2 的应变速率可用公式(3-12)表示。

$$\begin{cases} \dot{\varepsilon}_1 = \dfrac{\dot{u}_b - \dot{u}_a}{L_1} \\ \dot{\varepsilon}_2 = \dfrac{\dot{u}_b}{L_2} \end{cases} \tag{3-12}$$

将应变速率代入公式(3-8),可以计算出应变增量,进而可根据公式(3-13)计算出单元 a 和单元 b 上的应力。

$$\begin{cases} \sigma_1 = E(\varepsilon_0^{\mathrm{old}} + \mathrm{d}\varepsilon_1) \\ \sigma_2 = E(\varepsilon_0 + \mathrm{d}\varepsilon_2) \end{cases} \tag{3-13}$$

随着加载时间的推进,应力会以上述方式不断向后方单元传递,直至总分析时间结束。

3.2 有限元分析平台与常用分析软件

3.2.1 有限元分析的实现基础

有限元分析法自 1943 年首次被提出以后,便受到科研工作者和工程技术人员的高度重视。近几十年,有限元分析法在工程结构设计与优化、复杂物理场仿真分析等方面取得了巨大成功,极大地促进了科学技术的进步,催生出众多高质量的工业产品。

有限元分析平台包括硬件和软件两部分。硬件平台十分广泛,可以是巨型计算机、大型计算机、工作站和个人计算机(PC)等,其差异仅在于计算速度和效率。

能进行有限元分析的硬件平台通常应具有高性能的 CPU、大容量的存储器等。随着现代计算机技术的飞速发展,个人计算机与工作站、大型计算机之间的界限并不明显。现有的高档个人计算机在计算能力方面甚至超越了以往的大型计算机。软件平台包含系统软件和有限元分析软件。系统软件可以是 Unix、Linux、Windows 和 MacOS 等。有限元分析软件以 ANSYS、MARC、NASTRAN 和 ABAQUS 等为代表。

　　一个完整的有限元分析软件通常包含以下几部分:前处理模块、分析计算模块、后处理模块、可视化模块和数据库等。如图 3-4 所示,数据库模块和可视化模块为有限元计算软件的两个关键支撑。前处理模块中可以完成几何造型、属性设置、网格划分、载荷施加和边界条件定义等内容。分析计算模块主要工作是控制各种分析模型的求解计算,输出最终计算结果。后处理模块通过直观的图形描述有限元分析的结果,以便对其进行分析、检查和校核。后处理输出的结果包括网格、静态变形、振型、应力及应变等。

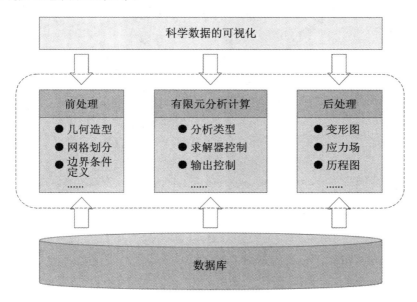

图 3-4　有限元分析软件的组成

3.2.2　常用有限元分析软件

1. ANSYS

ANSYS 有限元分析软件是美国 ANSYS 公司推出的一款大型通用有限元分

析软件,该软件具有结构建模、动力学分析、流体动力学分析、声场分析、结构静力分析等功能。ANSYS 软件主要包括三个部分:前处理模块、分析计算模块和后处理模块。前处理模块具有强大的实体建模及网格划分能力,可供用户方便地构造有限元模型。分析计算模块包括复杂非线性问题的结构分析、流体动力学分析、电磁场分析、声场分析、压电分析等等,还可以进行多物理场的耦合分析。后处理模块可将计算结果以彩色等值线、梯度、矢量、粒子流迹和立体切片等形式显示出来,也可以图表、曲线形式输出计算结果。图 3-5 为 ANSYS Workbench 环境下进行的机械手变形分析。

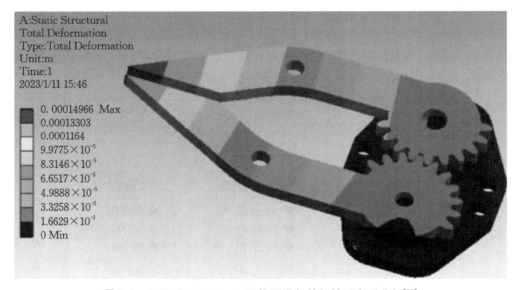

图 3-5　ANSYS Workbench 环境下进行的机械手变形分析[38]

2. MSC.MARC

MSC.MARC 是 MSC 公司(MSC Software Corporation)开发的一款优秀的有限元分析软件,经过近几十年的发展,其应用领域从最初的核电行业扩展到航空航天、海洋工程、机械制造、土木工程等。

MSC.MARC 软件具有极强的结构分析能力,可以完成各种非线性结构分析,例如线性/非线性静力分析、模态分析、简谐响应分析、随机振动分析、动力响应分析、自动的静/动力接触、屈曲/失稳、失效和破坏分析等。MSC.MARC 软件提供了丰富的单元库,具有处理大变形几何非线性、材料非线性和边界条件非线性问题的能力。其材料库提供了模拟金属、非金属、聚合物、岩土、复合材料等多种材料的模型。其卓越的网格自适应技术,能够自动调节网格疏密。在保证计算精度的同时,能够大幅缩短计算时间。为了满足高级用户的二次开发需求,MSC.MARC 软件提供了诸多子程序入口,这些入口涵盖了几何建模、网格划分、边界定义、材料定义、分析求解和结果输出等各环节,极大地扩展了 MSC.MARC 有限元软件的分析能力。图 3-6 所示为 MSC.MARC 环境下进行的焊接变形分析。

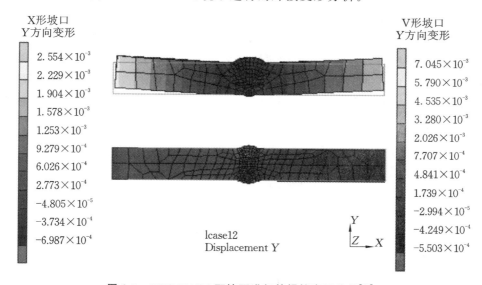

图 3-6　MSC.MARC 环境下进行的焊接变形分析[39]

3. ABAQUS

ABAQUS 有限元分析软件是国际公认的大型商用非线性有限元分析软件,广泛应用于土木工程、航空航天、汽车造船、石油化工、水利水电、生物医学、电子电器等关系国计民生的重要领域。ABAQUS 有限元分析软件拥有强大的模拟计算能力,不但可以完成单一物理场模型的求解分析,还可以求解复杂的高度非线性的多物理场耦合模型。

ABAQUS 有限元分析软件包含多个分析模块,如 ABAQUS/Standard、ABAQUS/Explicit、 ABAQUS/CAE （ complete ABAQUS environment ）、ABAQUS/Viewer 和 ABAQUS/Aqua 等。

ABAQUS/Standard 为静力通用分析模块,主要用于求解线性问题和比较简单的光滑非线性问题。ABAQUS/Explicit 为动力显式分析模块,主要用于求解复杂动力学问题、复杂接触问题、屈曲问题和高度非线性的准静态问题。

在塑性加工领域,材料的塑性成形数值模拟属于大变形、复杂非线性问题,因此常采用 ABAQUS/Explicit 模块进行成形过程模拟。而材料塑性成形后的卸载过程往往被认为是线性问题,常采用 ABAQUS/Standard 模块进行回弹分析。

  ABAQUS/CAE 提供交互式图形环境,在该环境下用户可以方便快捷地构建模型,对构造的几何体赋予材料属性、载荷和边界条件。ABAQUS/CAE 还拥有丰富的单元类型库和强大的网格划分能力,能够满足不同材料的数值模拟要求。图 3-7 所示为 ABAQUS/CAE 模型数据库的结构示意图,一个 ABAQUS/CAE 模型数据库中可以包含多个子模型,但一个子模型中只能包含一个装配体,装配体可以由多个部件实例组成。材料和截面属性定义在部件上,相互作用、边界条件和载荷定义在部件实例上,网格可以定义在部件上也可以定义在部件实体上。求解过程和输出结果的控制则定义在整个模型上。ABAQUS/CAE 模型数据库功能强大、结构清晰且使用方便,可以很容易地完成复杂问题的建模求解。

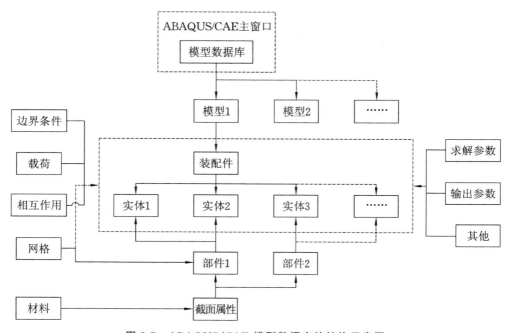

图 3-7 ABAQUS/CAE 模型数据库的结构示意图

  ABAQUS/Viewer 为 ABAQUS/CAE 的子模块,包含了可视化模块的后处理功能,可供用户方便地查看数值模拟计算结果。ABAQUS/Aqua 的功能主要为模拟近海结构行为,比如风载或浮力对海上钻井平台的影响。

3.3　基于 ABAQUS 的管材绕弯成形过程分析模型

3.3.1　绕弯过程分析模型

在 ABAQUS 有限元分析软件中,一个完整的成形分析过程如图 3-8 所示,应该至少应包括以下几个步骤:创建部件、赋予属性、创建装配体、定义分析步、定义相互作用关系、定义边界条件、网格划分和提交作业。

图 3-8　ABAQUS/CAE 数值模拟分析过程

绕弯成形数值模拟模型的建立过程以直径 $\phi 40$ mm、壁厚 2.0 mm 的铝合金 6061-T4 管材为例进行说明。本案例涉及六个刚体部件(弯曲模、夹钳、芯棒、芯球、压紧模和防皱模)和一个变形体部件(管材毛坯),所有部件均在 ABAQUS 软件内建模,部件名称及局部尺寸公差如表 3-1 所示。

表 3-1　模具尺寸参数及公差

模　　具	部 件 名 称	与管材接触面尺寸及公差
夹钳	Clamp	长度 60 mm,直径 $\phi 40_0^{+0.1}$ mm
弯曲模	Bending die	直端长度 60 mm,直径 $\phi 40_0^{+0.1}$ mm
芯球	Core	宽度 16 mm,直径 $\phi 40_{-0.2}^{0}$ mm
芯棒	Mandrel	长度 40 mm,直径 $\phi 34$ mm
防皱模	Wiper die	长度 60 mm,直径 $\phi 40_0^{+0.4}$ mm
压紧模	Pressure die	长度 80 mm,直径 $\phi 40_0^{+0.4}$ mm

1. 模型简化与部件创建

ABAQUS 软件本身提供部件建模功能,但是与专业的三维建模软件(UG、CATIA、SOLIDWORKS、CREO 等)相比,其建模能力仍然较差。部件的建模过程可以在 ABAQUS 软件中完成,也可以在专业三维建模软件中完成。目前,CATIA

软件中的零部件格式 CATPART 和 SOLIDWORKS 软件中的零部件格式 SLDPART 可以直接导入 ABAQUS 软件中。除此之外的其他三维建模软件的零部件格式需要转化为中间格式,然后导入 ABAQUS 软件中。ABAQUS 软件支持的中间格式有很多,常用的有 SAT、VDA、IGES 和 STEP 格式等。

对于塑性加工过程来说,结构比较简单的板材或管材,可以直接在 ABAQUS 软件中建模。结构比较复杂的模具型面,在专业的三维建模软件中建模,效率更高。

在本案例中,管材绕弯时所有部件关于弯曲平面对称。为了简化模具结构并提升仿真效率,在建模时可以只创建二分之一模型,然后通过施加对称边界条件来实现完整的弯管仿真。模具部件设置为刚体部件,仅构建出与管材接触的模具型面就能满足仿真要求,在建模时,可以直接构建出接触型面,也可以先构建实体再抽壳获取型面。管材为变形体,可直接以曲面或实体形式建模,随后赋予截面属性。

在本模型中,管材部件为薄壁变形体,采用曲面形式建模。芯棒和芯球的结构相对比较复杂,在专业三维建模软件中建模后导入 ABAQUS 软件中做抽壳处理。其他模具结构相对简单,可以在 ABAQUS 软件中直接以曲面形式建模。最终的建模结果如图 3-9 所示。

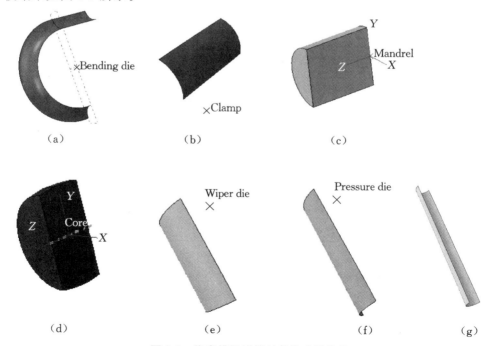

图 3-9　绕弯模具及管材部件建模结果

(a)弯曲模;(b)夹钳;(c)芯棒;(d)芯球;(e)防皱模;(f)压紧模;(g)管材

在建立部件几何模型后,还必须为刚体部件设置参考点,以便后期对刚体部件施加约束时,直接将约束施加在参考点上。弯曲模的参考点须设置在弯曲轴线和对称面的交点处,芯棒、防皱模和压紧模的参考点可直接设置在轴线与端面交点处,芯球的参考点直接设置在球心,夹钳的参考点位置须依据其装配位置确定(装配完成后,须保证夹钳的参考点与弯曲模的参考点重合)。此外,在弯管过程中,弯曲模、芯球和夹钳的自由度未完全约束,还需要为其添加质量惯性参数。质量惯性参数对弯管数值模拟结果影响巨大,因此其数值必须足够准确。质量惯性参数的查询可以在专业的三维建模软件中完成,本案例中相关部件的质量惯性参数如表3-2 所示。

表 3-2　质量惯性参数

部　　件	质量/t	主惯性矩/(t·mm²)		
		I_{11}	I_{22}	I_{33}
夹钳	7.94×10^{-4}	2.42×10^{-1}	3.20×10^{-1}	3.99×10^{-1}
芯球	6.18×10^{-5}	2.64×10^{-3}	6.13×10^{-3}	6.21×10^{-3}
弯曲模	1.35×10^{-3}	7.84×10^{-1}	2.2	2.89

2. 材料和截面属性设置

ABAQUS 有限元软件拥有强大的材料库,以满足用户的各种仿真要求。在本案例中,管材为变形体,应为其赋予材料参数,这些材料参数至少需要包含密度、弹性模量、泊松比和塑性应力应变参数等。本案例中使用的材料为铝合金 6061-T4,其密度、弹性模量和泊松比等参数如表 2-8 所示,其塑性应力应变关系可由表中的强度系数、硬化指数等参数转换得到,如表 3-3 所示。

在定义材料属性后,还需要定义管材截面属性,管材截面属性与管材部件的几何特征有关,曲面部件可定义为均质壳类型,然后赋予厚度值,几何体部件可定义为均质实体类型。完成截面属性定义后,将材料属性和截面属性指派给管材部件。

表 3-3　铝合金 6061-T4 的塑性应力应变关系

序　　号	应力/MPa	塑 性 应 变
1	164	0
2	187.81	0.0096
3	205.70	0.0192

序　　号	应力/MPa	塑 性 应 变
4	220.29	0.0288
5	232.75	0.0384
6	243.70	0.0480
7	253.51	0.0576
8	262.44	0.0672
9	270.64	0.0768
10	278.25	0.0864

目前,ABAQUS 有限元分析软件支持对满足 Tresca、Mises 屈服准则的各向同性材料和满足 Hill48 屈服准则的各向异性材料的数值模拟。若要使用 Hill48 屈服准则,用户在定义材料时需要输入材料的各向异性指数 r 的值。用户如果想要使用其他屈服准则,需要进行用户材料子程序(user-defined material mechanical behavior,UMAT)的二次开发。用户材料子程序 UMAT 是 ABAQUS 有限元分析软件提供给用户自定义材料属性的 Fortran 程序接口,它允许用户使用 ABAQUS 材料库中没有的材料模型。用户材料子程序 UMAT 通过与主求解器的接口实现与 ABAQUS 软件的数据交流。用户材料子程序 UMAT 功能强大,几乎可以用于力学分析的任何过程,几乎可以把用户材料属性赋予 ABAQUS 软件的所有单元类型。

3. 装配体构建

在 ABAQUS 有限元分析软件中,分析过程要基于装配体进行。一个分析模型只能包含一个装配体,而一个装配体可以包含多个部件实例,同一部件可以在装配体中以多个实例形式存在。将部件以实例形式导入装配体中,需要调整部件实例的位置以实现装配效果。ABAQUS 有限元软件提供了多种部件实例调整方式,可以实现部件的移动、转动、阵列或布尔运算等功能。

本案例中,通过合理调整部件实例的位置,最终得到的管材绕弯成形分析模型的装配结果如图 3-10 所示。

4. 分析步设置

ABAQUS 软件提供了多种分析步类型,例如热-电耦合、热-电-结构耦合、地应力、热传递等。用户可以根据自己的分析内容选择合适的分析步。进行材料变形

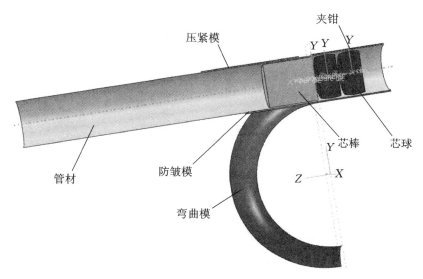

图 3-10　部件实例调整后装配结果

分析时,可以采用的分析步类型为静力/通用(static/general)分析步和动力/显式(dynamic/explicit)分析步。然而,绕弯过程中存在强烈的几何非线性、材料非线性和边界条件非线性问题,此时若采用静力/通用分析步则可能存在效率低、不收敛等问题。故本案例采用动力/显式分析步更为合理,可以节省分析时间,提高仿真效率。ABAQUS 软件本身提供了 initial 分析步,用于描述初始状态。本模型需要再建一个分析步,用于绕弯过程分析。

在分析步模块,用户还需要为模型设置历程输出和场输出。对于动力/显式分析步来说,默认情况下的历程输出主要包括成形过程中的能量,场输出包括应力应变、位移/速度/加速度、作用力/反作用力、接触、体积/厚度/坐标等内容。用户可以根据分析的要求适当更改历程输出和场输出的内容。

除此之外,用户还可以通过更改分析步时间长度和质量缩放系数来提升仿真效率。

5. 相互作用关系设置

绕弯过程中的相互作用关系包括接触关系和铰接关系等。ABAQUS 有限元分析软件提供了多种算法来模拟接触问题,如通用接触算法和接触对算法。采用通用接触算法时,常用的方法是让 ABAQUS/Explicit 自动生成包含所有实体的面,在面上定义自接触。接触对算法的定义比较复杂,对接触面的类型有较多限制,在使用时通常需要指定相互接触的面。接触对算法能够解决通用接触算法解决不了的问题。接触对有主面和从面之分,主面一般选用刚度较大、网格较粗的面,从面一般为变形体或刚度较小、网格较密的面。在本模型中,夹钳、弯曲模的直段与管材之间在发生接触后不能发生相对滑移,可将接触属性设置为粗糙,其他模具与管材之间的接触属性可以设置为摩擦-罚形式。需要建立的相互作用关系如表3-4 所示。

表 3-4　相互作用关系

名　　称	类　　型	第 一 表 面	第 二 表 面	接触类型	接触属性
Bending die_blank	表面与表面接触	Bending die 环面	blank 外表面	罚接触方法	摩擦-罚
Bending die2_blank	表面与表面接触	Bending die 柱面	blank 外表面	罚接触方法	粗糙
Clamp_blank	表面与表面接触	Clamp 柱面	blank 外表面	罚接触方法	粗糙
Wiper die_blank	表面与表面接触	Wiper die 柱面	blank 外表面	罚接触方法	摩擦-罚
Pressure die_blank	表面与表面接触	Pressure die 柱面	blank 外表面	罚接触方法	摩擦-罚
Mandrel_blank	表面与表面接触	Mandrel 柱面	blank 内表面	罚接触方法	摩擦-罚
Core1_blank	表面与表面接触	Core1 外表面	blank 内表面	罚接触方法	摩擦-罚
Core2_blank	表面与表面接触	Core2 外表面	blank 内表面	罚接触方法	摩擦-罚
Core1_core2	表面与表面接触	Core2 左侧面	core1 右侧面	罚接触方法	摩擦-罚
Mandrel_core1	表面与表面接触	Core1 左侧面	Mandrel 右侧面	罚接触方法	摩擦-罚

此外,在芯球与芯球之间、芯球与芯棒之间,还需要建立铰接关系。用铰接点相连接的两个部件实例之间仅能发生相互转动,而不能有相对移动。用户不需要对铰接区域进行精准的建模,仅需要定义部件实例在铰接点处的接触关系即可。

6. 载荷与边界条件设置

在 ABAQUS 软件中为部件实例添加边界条件,这些边界条件可以为集中力、压强、面载荷、体载荷、重力和弯矩等,也可以为对称/反对称、位移/转角、速度/角速度和加速度/角加速度等。

本案例弯曲过程中,芯棒、压紧模和防皱模的位置不发生变化,可使用位移/转角类型边界条件约束其全部自由度。管材部件为二分之一模型,在轴向两边线上需要施加对称边界条件。弯曲模和夹钳发生转角变化,将管材毛坯绕到弯曲模上,可通过施加位移/转角边界条件来实现弯曲过程(在弯曲分析步中直接设置弯曲模和夹钳的转动角度值)。所以本案例需要建立的边界条件如表3-5 所示。

表 3-5　各部件实例施加的边界条件

部　件	边界条件类型	约　束　点	初始自由度	终止自由度
弯曲模	位移/转角	Bending die	全部为 0	UR1 不为 0
管材	对称/反对称/完全固定	轴向两边线	U1＝UR2＝UR3＝0	U1＝UR2＝UR3＝0
夹钳	位移/转角	Clamp	全部为 0	UR1 与弯曲模一致
防皱模	位移/转角	Wiper die	全部为 0	全部为 0
压紧模	位移/转角	Pressure die	全部为 0	全部为 0
芯棒	位移/转角	Mandrel	全部为 0	全部为 0

7. 网格设置

ABAQUS 有限元分析软件为用户提供了庞大的单元库,帮助用户解决不同类型的问题。可变形单元和刚性单元是 ABAQUS 分析模型的基本构件,可变形单元拥有多个自由度,需要通过复杂的计算来确定单元变形,刚性单元与可变形单元相比具有一定的优越性,其计算效率较高,运动描述只需通过描述一个参考点的六个自由度便可实现。

ABAQUS 有限元分析软件支持的单元类型有实体单元、壳单元、梁单元等,在本弯管模型中,管材为变形体,单元类型可以为壳单元(四节点曲面薄壳或厚壳减缩积分单元 S4R),也可以为实体单元(八节点线性六面体减缩积分单元 C3D8R)。当管壁较薄时,使用壳单元的计算效率会远远高于实体单元。其他模具部件均设置为刚体,单元类型为刚体壳单元(四节点三维双线性刚性四边形单元 R3D4)。网格划分结果如图 3-11 所示。

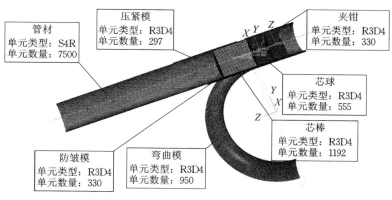

图 3-11　网格划分结果

8. 作业设置

待上述步骤设置完成后,可创建作业进行后处理计算,作业分析完成后进入可视化模块,用户便可以查看管材成形情况,如应力分布、壁厚变化和节点位移等。图 3-12 所示为管材成形后的壁厚分布情况。此外,用户也可以对显示结果进行更改,例如将结果进行镜像、显示节点编号、显示管材厚度等。

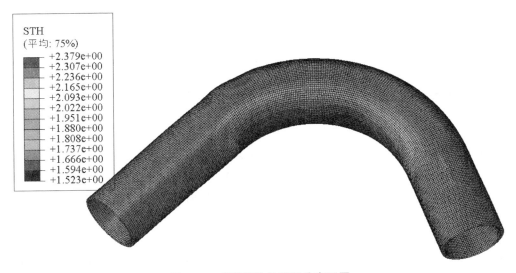

图 3-12　成形管件的壁厚分布云图

3.3.2　卸载过程分析模型

管材绕弯成形后的卸载过程可以采用 ABAQUS/Explicit 来建模。在上述成形过程分析模型的基础上,添加一个动力/显式分析步作为卸载分析步,然后适当添加边界条件,便可以实现卸载过程模拟。

此外,ABAQUS/Standard 也可以用来模拟管材绕弯成形后的卸载过程。在绕弯成形分析模型的基础上,禁用动力/显式分析步、相互作用关系和边界条件,然后重新构建静力/通用分析步,并将成形分析模型的计算结果(应力场)设定为初始状态,便可以实现卸载过程模拟。

与 ABAQUS/Explicit 分析相比,采用 ABAQUS/Standard 进行弯管卸载过程模拟分析具有计算效率高、精度高等优点,但是在面对复杂应力场时,可能存在不收敛等问题。

3.3.3　绕弯成形缺陷的数值分析方法

1. 卸载回弹问题

卸载回弹是金属材料塑性加工过程中普遍存在的一种现象。如图 3-13 所示，夹钳松开后，管材在弯曲内应力作用下发生弹性回复。学术界常用残余弯曲半径 ρ_f 或回弹角度 $\Delta\theta$ 来描述弯管回弹量。用回弹角度 $\Delta\theta$ 来描述回弹量的计算方法如公式（3-14）所示。

$$\Delta\theta = \theta - \theta_f \tag{3-14}$$

式中，θ 和 θ_f 分别表示弯曲角度和残余弯曲角度。

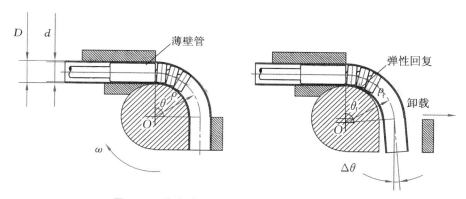

图 3-13　绕弯成形工艺下管材弯曲和卸载过程

在弯管数值模拟模型中，可以分别采用三点法和四点法来分别确定成形后的管材残余弯曲半径 ρ_f（见图 3-14）和残余弯曲角度 θ_f（见图 3-15），即通过在变形区适当位置选取测量点计算出弯曲半径和弯曲角度。

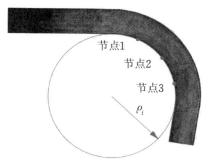

图 3-14　三点法测量残余弯曲半径

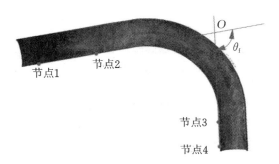

图 3-15　四点法测量残余弯曲角度

除此之外,对于横截面不对称的异形管材来说,在弯曲过程中还有可能出现截面扭曲现象,可采用与上述过程类似的方法来分析扭曲回弹角度。

2. 壁厚减薄问题

管材绕弯过程中,弯曲中面外侧的材料在长度方向的变形远远大于内侧材料的变形。外侧材料的壁厚会明显减薄,从而导致管材承载能力下降,在进行气液传输时可能爆裂。学术界常用壁厚减薄率来表征弯管壁厚变化,计算方法如公式(3-15)所示。

$$\delta_t = \frac{t' - t_0}{t_0} \times 100\%$$ (3-15)

式中,t_0 和 t' 分别表示管材的初始壁厚和成形后的最小壁厚。

在弯管数值模拟模型中,若管材单元类型为壳单元(S4R),可以直接在计算结果中查阅变形后的厚度值。若管材单元类型为实体单元(C3D8R),可以通过测量管壁内外侧节点之间的距离获得变形后的厚度值。

3. 失稳起皱问题

管材绕弯过程中,管材内侧承受着较大的轴向压应力,当压应力过大时,材料发生失稳而产生起皱现象。现有文献中,对管材弯曲失稳起皱程度的描述可用公式(3-16)表示。

$$f = \frac{\lambda_{\max}}{l} \times 100\%$$ (3-16)

式中,$\lambda_{\max}$ 和 l 分别表示管材内侧起皱波形的幅度和波长,如图 3-16 所示。

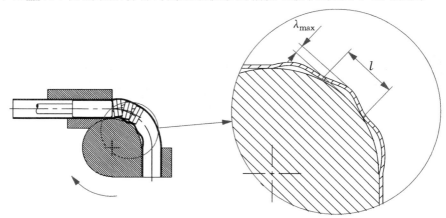

图 3-16 管材绕弯起皱程度分析

在数值模拟模型中,测量变形区节点之间的距离获得起皱波形的幅度和波长,最终计算出 f 的值。

此外,对管材弯曲失稳起皱程度的描述也可以从应力状态方面考量。图 3-17 所示为绕弯成形过程中管材截面上的应力状态,其中 σ_θ 和 σ_φ 分别为管材截面环向和切向的应力。

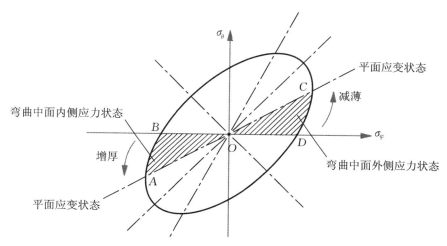

图 3-17　绕弯成形过程中管材截面上的应力状态

公式(3-17)所示的最大切向压应力和最大切向拉应力之间的差异在很大程度上能够反映管材发生起皱的风险。其差值越大,管材发生起皱的风险便越大。在数值模拟模型中,可根据计算出的应力差值判断管材是否会发生起皱。

$$f = |\sigma_{max,c}| - |\sigma_{max,t}| \tag{3-17}$$

式中,$\sigma_{max,c}$ 和 $\sigma_{max,t}$ 分别表示最大切向压应力和最大切向拉应力。

4. 横截面畸变问题

管材弯曲过程中的横截面畸变主要包含两个诱因:①弯曲过程中材料变形失稳;②弯曲过程中外侧材料减薄、内侧材料增厚所引起的非对称畸变(如图 3-18 所示)。

弯曲过程中,材料的变形失稳会导致横截面椭圆化,通常用公式(3-18)表示畸变程度。

$$\delta_D = \frac{D' - D_0}{D_0} \times 100\% \tag{3-18}$$

式中,D_0 和 D' 分别表示管材初始直径和变形后截面垂直方向上的长度。

由外侧材料减薄、内侧材料增厚所引起的非对称畸变程度可以用公式(3-19)所示的偏心量来表示。

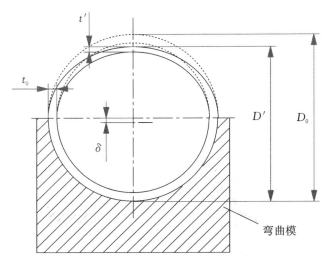

图 3-18　绕弯成形过程中的横截面畸变分析

$$\delta_P = \frac{t_{max} - t_{min}}{2} \tag{3-19}$$

式中，t_{max} 和 t_{min} 分别表示管材横截面上最大和最小壁厚值。

在数值模拟模型中，输出变形后横截面上的节点坐标值，然后在三维建模软件中重构横截面的几何特征，最终获得横截面的畸变量 δ_D 和 δ_P。

除此之外，对于异形管材而言，也常用管材横截面上某一点或某几点在弯曲过程中的相对位移量来表征其横截面畸变量。

3.4　有限元模型参数对管材绕弯成形数值计算结果的影响

参考文献[34]以高强度钛合金材料 Ti-3Al-2.5V 为研究对象构建绕弯成形数值模拟模型，研究了单元类型、网格参数、质量缩放系数等对绕弯成形数值模拟结果的影响。

3.4.1　单元类型

在管材绕弯过程分析模型中，模具均为刚体部件（单元类型为 R3D4），管材为变形体，其单元类型可以为实体单元 C3D8R、厚壳单元 SC8R 或壳单元 S4R 等。

参考文献[34]在采用不同单元类型进行弯曲回弹角度分析时，发现回弹角度的大小满足如下关系（如图 3-19 所示）：实体单元 C3D8R＞厚壳单元 SC8R＞壳单

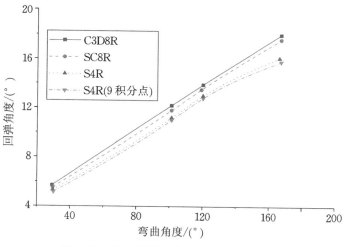

图 3-19　单元类型对绕弯回弹角度的影响

元 S4R＞壳单元 S4R（9 积分点）。与实体单元 C3D8R 的计算结果相比，壳单元 S4R（9 积分点）的回弹角度要小 10％左右。

在进行管材绕弯横截面畸变程度和壁厚减薄程度分析时，如图 3-20、图 3-21 所示，观察弯曲变形区不同位置的横截面畸变程度和壁厚减薄程度，实体单元 C3D8R 与厚壳单元 SC8R 的计算结果较为接近，二者趋势相同，实体单元 C3D8R 的计算结果略大于厚壳单元 SC8R 的计算结果。而壳单元 S4R 的计算结果波动较大，整体而言，壳单元 S4R 的计算结果要大于实体单元 C3D8R 和厚壳单元 SC8R 的计算结果。

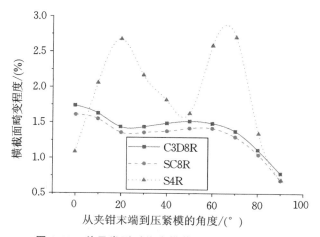

图 3-20　单元类型对绕弯横截面畸变程度的影响

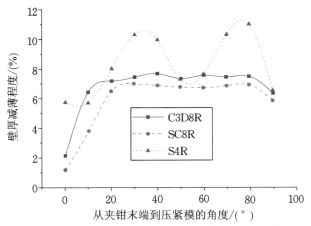

图 3-21 单元类型对绕弯壁厚减薄程度的影响

图 3-22 所示为不同单元类型在进行数值模拟时所消耗的时间,计算时间满足如下关系:厚壳单元 SC8R>实体单元 C3D8R>壳单元 S4R（9 积分点）>壳单元 S4R。使用壳单元 S4R 时的计算效率要比使用实体单元 C3D8R 时的计算效率高一倍以上。

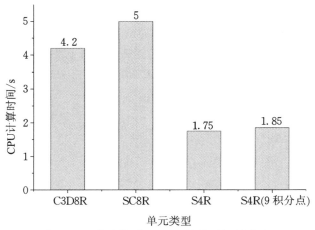

图 3-22 单元类型对 CPU 计算时间的影响

上述分析结果说明,变形体的单元类型对弯管仿真结果有较大影响,在某些条件下不同单元的计算偏差可能超过 10%。在后期发展过程中,一方面需要用户合理选择变形体单元类型来确保仿真结果与试验结果相一致,另一方面也需要科研工作者通过更深层次的理论研究来开发新的单元类型或改善现有单元类型所存在的理论缺陷。

3.4.2　网格参数

网格参数主要影响仿真计算精度和效率,在一定范围内,通过优化网格参数能够有效改善仿真计算精度,但仿真计算效率会有所下降。

参考文献[34]以厚度为 0.5 mm 的钛合金管材为例,网格在轴向和周向的尺寸均为 0.5 mm,在厚度方向上分别布置不同数量的种子,进而可以研究厚度方向上单元数量对回弹角度的影响规律。如图 3-23 所示,不同弯曲角度下的回弹角度变化相对比较平稳,厚度方向上单元数量少于 2 个时,相对误差比较大。当厚度方向上单元数量大于 3 个时,相对误差趋于稳定。

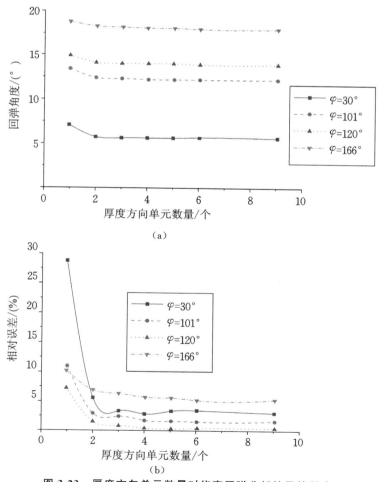

（a）

（b）

图 3-23　厚度方向单元数量对绕弯回弹分析结果的影响

（a）回弹分析结果；（b）相对误差

图 3-24 所示为轴向网格尺寸对绕弯回弹分析结果的影响,将周向网格尺寸设定为 0.5 mm,通过改变轴向网格尺寸来观察回弹角度的变化规律。随着轴向网格尺寸的增大,回弹角度有轻微的减小。图 3-24(b)所示为相对误差随轴向网格尺寸的变化规律,可以看出当轴向网格尺寸接近 1.0 mm 时,相对误差较小(最大值在 6.0% 以内)。

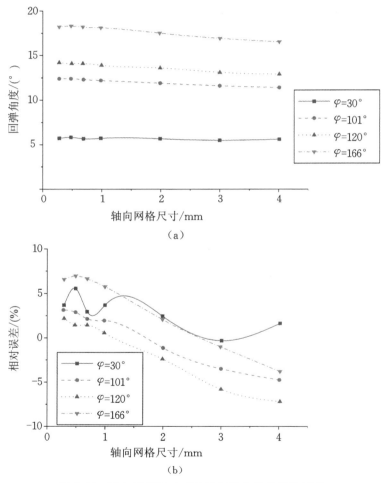

图 3-24 轴向网格尺寸对绕弯回弹分析结果的影响

(a)回弹分析结果;(b)相对误差

图 3-25 所示为周向网格尺寸对绕弯回弹分析结果的影响,将轴向网格尺寸设定为 0.5 mm,通过改变周向网格尺寸来观察回弹角度的变化规律。随着周向网格尺寸的增大,回弹角度有轻微的增大。图 3-25(b)所示为相对误差随周向网格尺寸

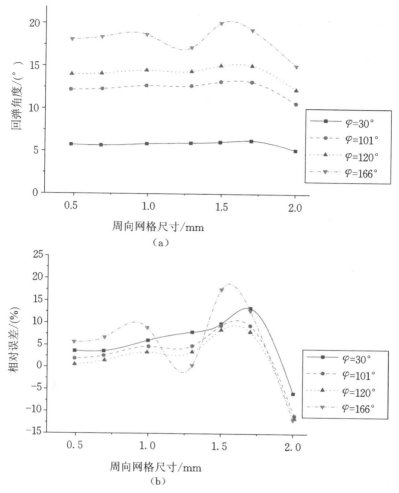

图 3-25　周向网格尺寸对绕弯回弹分析结果的影响

（a）回弹分析结果；（b）相对误差

的变化规律，可以看出当周向网格尺寸位于 0.5 mm 至 1.0 mm 之间时，相对误差较小。

　　上述分析过程说明，网格尺寸和形状对仿真计算结果有较大影响，适当减小网格尺寸能够提高仿真计算精度，正方形网格的计算精度会略高于矩形网格。在后续仿真过程中，用户应根据计算机性能条件和仿真计算精度要求合理设置网格尺寸和形状，尽可能提高仿真计算精度。

3.4.3 质量缩放系数

质量缩放可以在不提高加载速率的条件下提高运算效率,对于含有率相关材料来说,质量缩放能够有效节省仿真时间。图 3-26 所示为质量缩放系数对弯管仿真计算时间的影响,从图中可以看出,随着质量缩放系数的增大,仿真计算时间大幅缩短,仿真效率得到有效提升。

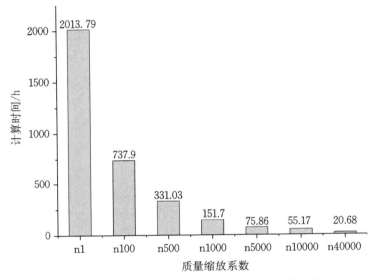

图 3-26 质量缩放系数对弯管仿真计算时间的影响

但是需要指出的是,过大的质量缩放系数会导致加载速率的过度提高,最终可能得到不正确的仿真结果。在实际工程应用过程中,应结合工程实际情况,在保证仿真精度的条件下选择合适的质量缩放系数。

3.5 其他重要参数对管材绕弯成形数值计算结果的影响

3.5.1 工艺参数

1. 模具间隙

参考文献[33]研究了模具间隙对管材绕弯数值模拟结果的影响规律。作者以 5052O 铝合金管材(直径 38 mm,厚度 1.0 mm)为研究对象,在弯曲半径为 57 mm、弯曲角度为 90°、弯曲速度为 0.15 rad/s 的条件下,通过调整模具间隙来观察数值模拟结果。

图 3-27 反映了防皱模与管材之间的间隙对最大切应力的影响。从图中可以看出,间隙越大,最大切向压应力就越大。较大的间隙增加了变形的不均匀程度,导致中性层向内移动,最终使管材发生起皱的风险增加。

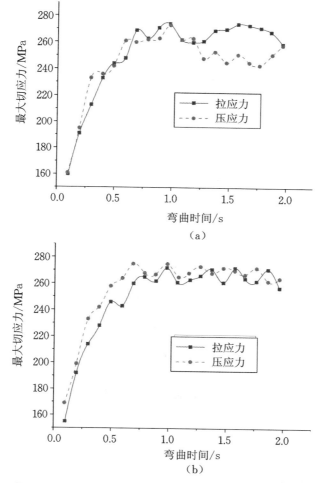

图 3-27　防皱模与管材之间的间隙对最大切应力的影响
(a)间隙为 0 mm 时;(b)间隙为 0.3 mm 时;(c)间隙为 0.6 mm 时;(d)间隙为 1.0 mm 时

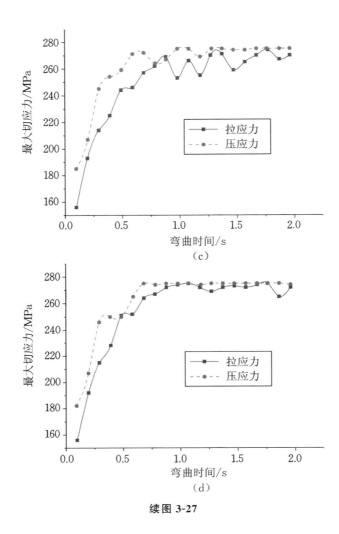

续图 3-27

　　图 3-28 和图 3-29 所示分别为防皱模与管材之间的间隙对弯曲壁厚减薄程度和弯曲横截面畸变程度的影响规律。随着模具间隙的增大，管材壁厚减薄程度有所下降，而横截面畸变程度有所上升。

　　图 3-30 和图 3-31 所示分别为芯棒与管材之间的间隙对弯曲壁厚减薄程度和弯曲横截面畸变程度的影响规律。随着模具间隙的增大，壁厚减薄程度有下降趋势，而横截面畸变程度有所上升。当管材发生起皱后，随着模具间隙的增大，壁厚减薄程度有所上升。

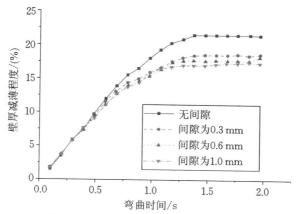

图 3-28　防皱模与管材之间的间隙对弯曲壁厚减薄程度的影响

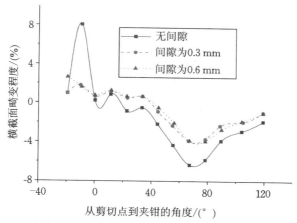

图 3-29　防皱模与管材之间的间隙对弯曲横截面畸变程度的影响

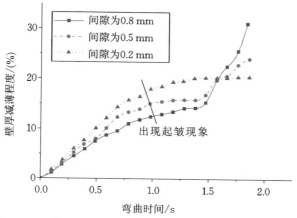

图 3-30　芯棒与管材之间的间隙对弯曲壁厚减薄程度的影响

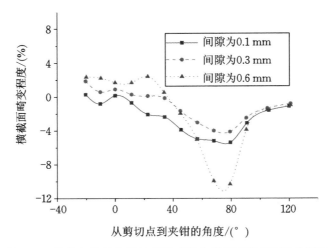

图 3-31　芯棒与管材之间的间隙对弯曲横截面畸变程度的影响

图 3-32 所示为弯曲模与管材之间的间隙对弯曲壁厚减薄程度的影响规律,随着模具间隙的增大,壁厚减薄程度有所上升。图 3-33 所示为不同弯曲条件下管材切向压应力的变化规律,从图中可以看到,增大芯棒与管材之间的间隙、取消防皱模均会导致切向压应力增大,最终导致弯曲过程中起皱的风险升高。

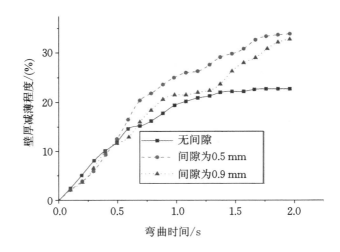

图 3-32　弯曲模与管材之间的间隙对弯曲壁厚减薄程度的影响

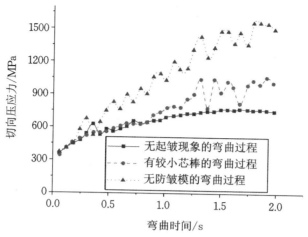

图 3-33　不同弯曲条件下管材切向压应力

从上述过程中可以看出,模具间隙对绕弯成形结果有较大的影响,而且不同位置处的模具间隙对绕弯成形结果的影响规律也不同。防皱模与管材之间的间隙、芯棒与管材之间的间隙都会影响管材起皱和壁厚减薄程度。间隙增大时,管材壁厚减薄程度有所下降,但是起皱风险会上升。在实际弯管过程中,可将成形缺陷划分为主缺陷和次缺陷,优先抑制主缺陷,然后尽可能地降低次缺陷的影响。

2. 相对弯曲半径、直径厚度比

参考文献[40]采用数值模拟方法研究了相对弯曲半径 ρ/D、直径厚度比 D/t 对绕弯回弹的影响规律。作者以 1Cr18Ni9Ti 管材(直径 38 mm,厚度 1.0 mm)为研究对象,在弯曲半径为 57 mm 的条件下,分析了相对弯曲半径、直径厚度比对管材绕弯成形回弹规律的影响。如图 3-34 和图 3-35 所示,相对弯曲半径和直径厚度比均可以影响回弹角度。当弯曲角度较小时,回弹角度随弯曲角度变化发生非线性变化。当弯曲角度较大时,弯曲变形进入相对稳定的状态,回弹角度随弯曲角度变化发生近似线性变化。随着相对弯曲半径和直径厚度比的增大,管材回弹角度逐渐变大。

参考文献[32]采用数值模拟方法研究了相对弯曲半径对壁厚减薄程度和横截面畸变程度的影响规律。图 3-36 所示为相对弯曲半径对 1Cr18Ni9Ti 管材壁厚减薄程度的影响。壁厚减薄最严重的区域位于弯曲变形区的中间,随着相对弯曲半

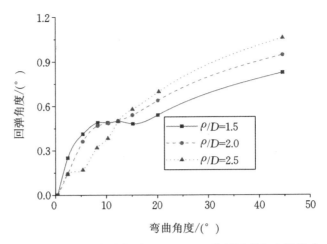

图 3-34 相对弯曲半径对 1Cr18Ni9Ti 管材回弹角度的影响

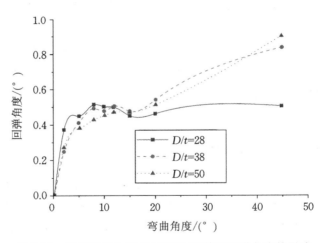

图 3-35 直径厚度比对 1Cr18Ni9Ti 管材回弹角度的影响

径的增大,壁厚减薄程度有所下降。图 3-37 所示为相对弯曲半径对 1Cr18Ni9Ti 管材横截面畸变程度的影响。横截面畸变最严重的区域位于 0°～50°对应范围内,原因是该部分在弯曲成形结束时内侧与芯球已发生脱离。随着相对弯曲半径的增大,该区域内的横截面畸变会变得更加严重。

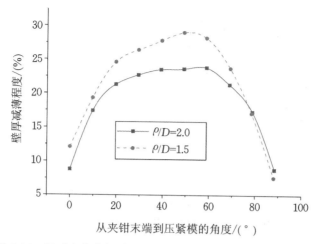

图 3-36 相对弯曲半径对 1Cr18Ni9Ti 管材壁厚减薄程度的影响

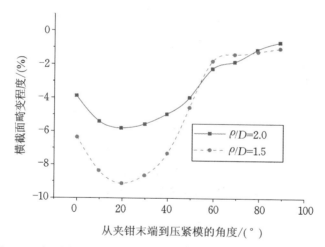

图 3-37 相对弯曲半径对 1Cr18Ni9Ti 管材横截面畸变程度的影响

3.5.2 材料参数

参考文献[40]还研究了材料参数对管材绕弯回弹的影响规律,这些材料参数包括弹性模量、屈服应力、强度系数和硬化指数。如图 3-38、图 3-39、图 3-40 和图 3-41 所示,管材回弹角度随着弹性模量和硬化指数的增大而减小,随着屈服应力和强度系数的增大而增大。

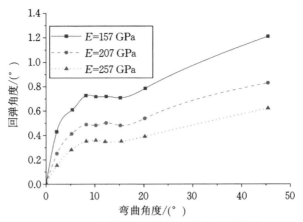

图 3-38　弹性模量对管材回弹角度的影响

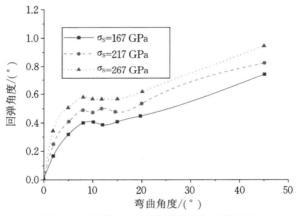

图 3-39　屈服应力对管材回弹角度的影响

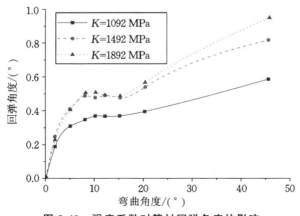

图 3-40　强度系数对管材回弹角度的影响

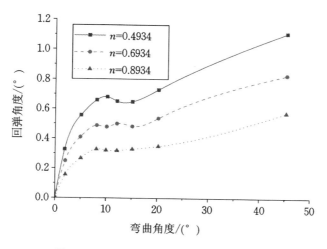

图 3-41　硬化指数对管材回弹角度的影响

3.5.3　温度场

参考文献[41]构建了商用纯钛(CP-Ti)管材绕弯成形工艺的热力耦合分析模型,研究了热弯过程中温度场的分布规律,以及温度场对绕弯成形壁厚变化的影响规律。图 3-42 和图 3-43 所示为 25℃ 至 300℃ 温度区间内温度场对 CP-Ti 管材绕弯壁厚变化的影响规律。从图中可以看出,随着温度的升高,管材外侧壁厚减薄程度有所减小。当温度上升到 200 ℃ 以后,壁厚减薄程度下降速度减缓。温度较低

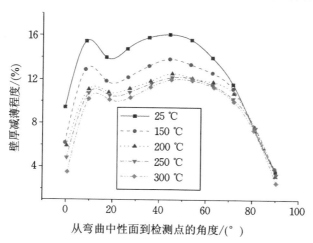

图 3-42　温度场对 CP-Ti 管材绕弯壁厚减薄程度的影响

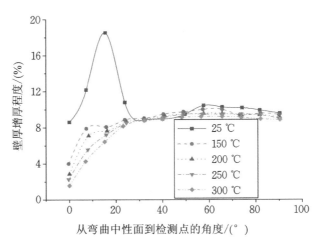

图 3-43　温度场对 CP-Ti 管材绕弯壁厚增厚程度的影响

(25 ℃以下)时,管材内侧壁厚增厚程度较大,尤其是在初始弯曲部分,存在较高的起皱风险。随着温度的升高,壁厚增厚程度有所减小,但是表现得并不明显。总体而言,施加温度场在一定程度上能够改善 CP-Ti 管材绕弯成形质量。

3.6　本章小结

　　本章主要介绍管材绕弯成形数值模拟分析方法的研究现状。首先介绍了数值模拟分析在材料塑性加工过程中的应用方法。接着对现有的有限元分析软件做了简要总结,基于 ABAQUS 有限元分析软件,介绍了管材绕弯成形分析模型和卸载分析模型的构建过程。总结了有限元模型参数对管材绕弯成形数值计算结果的影响,这些参数包括单元类型、网格参数和质量缩放系数等。最后还总结了工艺参数、材料参数和温度场等因素对管材绕弯成形数值模拟计算结果的影响。

第4章 管材绕弯成形回弹分析模型及缺陷抑制方法

回弹现象是薄壁件塑性加工中的主要缺陷之一,其本质是外载荷变化后材料内部弹性能释放所引起的变形。目前相关企业主要通过物理模拟(试错法)来消除回弹对成形件质量的影响,耗费大量的人力物力。以汽车制造行业为例,汽车覆盖件的生产调试成本占据产品研发费用的30%以上,而其中大部分费用用于解决覆盖件冲压过程中的回弹缺陷问题。在管材绕弯加工领域,回弹缺陷也是制约管材成形质量、生产成本和生产效率的重要因素。

对管材绕弯回弹问题的研究可以分为回弹预测和回弹补偿两方面内容。回弹预测指的是在给定约束的条件下通过分析获得成形后的形状,而回弹补偿指的是在给定产品形状的条件下通过补偿工艺参数获得满足精度要求的产品。研究学者的兴趣点主要在于回弹预测,探索绕弯回弹规律。而工程技术人员的兴趣点在于回弹补偿,提升产品的制造精度。

管材绕弯过程中的回弹现象主要表现在两个方面:①夹钳和压紧模卸载所引起的弯曲回弹;②芯球和芯棒卸载后引起的截面畸变回弹。当前学术界对管材弯曲回弹的研究相对比较深入,研究手段包括塑性理论分析、数值模拟和试验。塑性理论分析是研究者分析回弹问题最常用的方法,其优点在于能够准确描述特定参数(例如弹性模量、相对弯曲半径等)对回弹的影响规律。数值模拟也是重要的技术手段,其优点在于能够处理具有复杂边界条件的回弹问题。例如,数值模拟方法可以分析热力耦合条件下的回弹规律,可以研究边界摩擦对回弹的影响规律等。试验法成本相对较高,主要用于对塑性理论模型和数值模拟模型所获得的回弹规律进行验证。

4.1 圆管绕弯回弹问题求解模型的研究现状

圆管绕弯回弹问题一直是学术界研究的重点,经过近二十年的发展,学者们先后建立了圆管绕弯成形回弹问题的理想弹塑性求解模型、弹塑性指数硬化求解模型、弹塑性线性硬化求解模型和弹塑性混合硬化求解模型等。这些求解模型有利于深入揭示管材绕弯回弹规律,尤其是材料参数和弯曲工艺参数对回弹的影响规律。经过近几年的验证发现,某些求解模型对绕弯回弹角度的预测已足够精确(误差在 10% 以内)。

4.1.1　回弹问题的理想弹塑性求解模型

参考文献[42]给出了管材弯曲回弹问题的理想弹塑性求解模型,该求解模型基于以下假设:

(1) 管材材料具有理想弹塑性;

(2) 弯曲过程中横截面保持不变,不存在畸变和壁厚变化;

(3) 不存在包申格(Bauchinger)效应、屈曲和撕裂现象;

(4) 管材截面轴线始终垂直于外力平面。

管材横截面如图 4-1 所示,假设 $B(Y)$ 表示距中性轴距离 Y 处的截面宽度,Y_e 表示弹塑性边界距中性轴的距离,则管材截面上的弹塑性力矩可以表示为公式(4-1)。

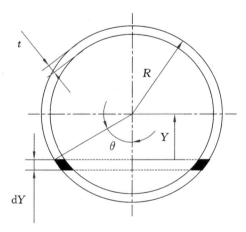

图 4-1　管材横截面

$$M = \frac{2E(I_e + Y_e S_p)}{\rho} \tag{4-1}$$

式中,ρ 为中性面处的弯曲半径,I_e 和 S_p 分别表示管材横截面对弯曲中性面的惯性矩和静力矩,其计算公式如下:

$$\begin{cases} I_e = \displaystyle\int_0^{Y_e} Y^2 B(Y)\,\mathrm{d}Y \\ S_p = \displaystyle\int_{Y_e}^{R} Y B(Y)\,\mathrm{d}Y \end{cases} \tag{4-2}$$

在角度 θ 处 Y 可以表示为 $R\cos\theta$（其中 R 为管材截面外圆半径），管材宽度 $B(\theta)$ 可以表示为公式（4-3）。

$$B(\theta) = \begin{cases} 2R\sin\theta - 2\sqrt{(R-t)^2 - R^2\cos^2\theta} & (0 \leqslant Y \leqslant R-t) \\ 2R\sin\theta & (R-t < Y \leqslant R) \end{cases} \tag{4-3}$$

公式（4-1）为 Y_e 的函数，I_e 和 S_p 可以通过对公式（4-2）积分得到，因此在知道 Y_e 的条件下可以计算出弯矩。

Y 从 0 变化到 Y_e 时，对应 θ 从 $\pi/2$ 变化到 $\arccos(Y_e/R)$。当 $Y_e \leqslant R-t$ 时，I_e 可以表示为公式（4-4）。

$$\begin{aligned} I_e &= \int_{\pi/2}^{\arccos(Y_e/R)} R^2\cos^2\theta \left[2R\sin\theta - 2\sqrt{(R-t)^2 - R^2\cos^2\theta}\right] (-R\sin\theta\,\mathrm{d}\theta) \\ &= \frac{1}{16}R^4\{2\pi + \sin[4\arccos(Y_e/R)] - 4\arccos(Y_e/R)\} + \frac{1}{2}Y_e^{3/2}\sqrt{(R-t)^2 - Y_e^2} \\ &\quad - \frac{(R-t)^2}{4}\left[Y_e\sqrt{(R-t)^2 - Y_e^2} + (R-t)^2\arcsin\left(\frac{Y_e}{R-t}\right)\right] \end{aligned} \tag{4-4}$$

公式（4-2）可以写成如下形式：

$$S_p = S'_p + S''_p = \int_{Y_e}^{R-t} B(Y)Y\,\mathrm{d}Y + \int_{R-t}^{R} B(Y)Y\,\mathrm{d}Y \tag{4-5}$$

当 $Y_e \leqslant Y \leqslant R-t$ 时，将公式（4-3）代入公式（4-5），可得

$$S'_p = \int_{\arccos(Y_e/R)}^{\arccos[(R-t)/R]} R\cos\theta\left[2R\sin\theta - 2\sqrt{(R-t)^2 - R^2\cos^2\theta}\right](-R\sin\theta\,\mathrm{d}\theta) \tag{4-6}$$

$$S''_p = \int_{\arccos[(R-t)/R]}^{0} 2R^2\sin\theta\cos\theta(-R\sin\theta)\,\mathrm{d}\theta \tag{4-7}$$

将公式（4-5）、公式（4-6）和公式（4-7）联立，可以得到

$$S_p = \frac{2}{3}\left\{R^3\sin^3\left[\arccos\left(\frac{Y_e}{R}\right)\right] - [(R-t)^2 - Y_e^2]^{3/2}\right\} \tag{4-8}$$

联立公式（4-1）、公式（4-4）和公式（4-8），可以计算出 $Y_e \leqslant R-t$ 时的弯矩。

同理，当 $R-t < Y_e \leqslant R$ 时，I_e 可以表示为公式（4-9）。

$$I_e = \int_{\pi/2}^{\arccos[(R-t)/R]} R^2 \cos^2\theta \left[2R\sin\theta - 2\sqrt{(R-t)^2 - R^2\cos^2\theta} \right] (-R\sin\theta \, d\theta)$$

$$+ \int_{\arccos[(R-t)/R]}^{\arccos(Y_e/R)} R^2 \cos^2\theta (2R\sin\theta)(-R\sin\theta \, d\theta) \tag{4-9}$$

对公式(4-9)进行积分,可得

$$I_e = \frac{\pi[R^4 - (R-t)^4]}{8} - \frac{R^4}{4}\arccos\left(\frac{Y_e}{R}\right) + \frac{R^4}{16}\sin\left[4\arccos\left(\frac{Y_e}{R}\right)\right] \tag{4-10}$$

塑性变形区相对于中性轴的静力矩可以表示为

$$S_p = \int_{\arccos(Y_e/R)}^0 2R^2 \sin\theta\cos\theta(-R\sin\theta) \, d\theta$$

$$= \frac{2}{3}R^3 \sin^3[\arccos(Y_e/R)] \tag{4-11}$$

联立公式(4-1)、公式(4-10)和公式(4-11),可以计算出 $R-t < Y_e \leqslant R$ 时的弯矩。

卸载前,弯矩可以表述为如下形式:

$$M = \frac{EI_0}{\rho} \tag{4-12}$$

式中,I_0 为管材横截面的初始静力矩,其计算方式如下:

$$I_0 = \frac{\pi}{4}[R^4 - (R-t)^4] \tag{4-13}$$

卸载后,弯矩由 M 减小到 0,可以得到

$$M = EI_0\left(\frac{1}{\rho_0} - \frac{1}{\rho_f}\right) \quad \text{或} \quad \frac{\rho_0}{\rho_f} = 1 - \frac{M\rho_0}{EI_0} \tag{4-14}$$

式中,ρ_0 和 ρ_f 分别为卸载前后中性面处的半径值。

当 $Y_e \leqslant R-t$ 时,Y_e 可以写作如下形式:

$$Y_e = \frac{\sigma_0\rho_0}{E} \tag{4-15}$$

式中,σ_0 为材料的屈服应力。

联立公式(4-1)、公式(4-4)、公式(4-8)、公式(4-14)和公式(4-15),可以计算出 $Y_e \leqslant R-t$ 时 ρ_0 和 ρ_f 的关系如下:

$$\frac{\rho_0}{\rho_f} = 1 - \frac{2A}{I_0} \tag{4-16}$$

式中,A 的计算方式如下:

$$A = \frac{R^4}{16}\left\{2\pi + \sin\left[4\arccos\left(\frac{\sigma_s\rho_0}{ER}\right)\right] - 4\arccos\left(\frac{\sigma_s\rho_0}{ER}\right)\right\}$$

$$+ \frac{\sigma_s\rho_0}{2E}\left[\sqrt{\rho_0} - \frac{(R-t)^2}{2}\right]\sqrt{(R-t)^2 - \left(\frac{\sigma_s\rho_0}{E}\right)^2} - \frac{(R-t)^2}{4}\arcsin\left[\frac{\sigma_s\rho_0}{E(R-t)}\right]$$

$$+ \frac{2\sigma_s\rho_0}{3E}\left\{R^3\sin^3\left[\arccos\left(\frac{\sigma_s\rho_0}{ER}\right)\right] - \left[(R-t)^2 - \left(\frac{\sigma_s\rho_0}{E}\right)^2\right]^{3/2}\right\}$$

$$(4\text{-}17)$$

同理,联立公式(4-1)、公式(4-9)、公式(4-11)、公式(4-14)和公式(4-15),可以计算出 $R-t < Y_e \leqslant R$ 时 ρ_0 和 ρ_f 的关系如下:

$$\frac{\rho_0}{\rho_f} = 1 - \frac{2B}{I_0} \tag{4-18}$$

式中,B 的计算方式如下:

$$B = \left\{\frac{\pi}{8}\left[R^4 - (R-t)^4\right] - \frac{R^4}{4}\arccos\left(\frac{\sigma_s\rho_0}{ER}\right)\right\} + \frac{R^4}{16}\sin\left[4\arccos\left(\frac{\sigma_s\rho_0}{ER}\right)\right]$$

$$+ \frac{2R^3\sigma_s\rho_0}{3E}\sin^3\left[\arccos\left(\frac{\sigma_s\rho_0}{ER}\right)\right]$$

$$(4\text{-}19)$$

4.1.2　回弹问题的弹塑性指数硬化求解模型

参考文献[43]给出了管材弯曲回弹问题的弹塑性指数硬化求解模型,该求解过程适用于符合霍洛蒙(Hollomon)强化模型($\sigma = K\varepsilon^n$)的材料。假定弯曲过程中横截面保持不变,不存在畸变和壁厚变化;不存在包申格(Bauchinger)效应、屈曲和撕裂现象;管材截面轴线始终垂直于外力平面。

弹塑性硬化条件下的弯矩计算方法如下:

$$M = \int_0^{Y_e} 2E\varepsilon Y \mathrm{d}A + \int_{Y_e}^R 2K\varepsilon^n Y \mathrm{d}A \tag{4-20}$$

式中,Y 为管材截面上一点到弯曲中面的距离,$\mathrm{d}A$ 为该点处面积增量。

弯曲应力在弹塑性分界线附近保持连续,可以得到

$$\sigma_s = E\varepsilon_s = K\varepsilon_s^n \tag{4-21}$$

由公式(4-21)可得

$$K = E\left(\frac{Y_e}{\rho}\right)^{1-n} \tag{4-22}$$

将公式(4-22)代入公式(4-20),可得公式(4-23)。

$$M = \frac{2E}{\rho} \int_0^{Y_e} Y^2 B(Y) \mathrm{d}Y + \frac{2EY_e^{1-n}}{\rho} \int_{Y_e}^R Y^{n+1} B(Y) \mathrm{d}Y \qquad (4\text{-}23)$$

式中,在角度 θ 处 Y 可以表示为 $R\cos\theta$,管材宽度 $B(\theta)$ 可以表示为公式(4-3)。

公式(4-23)还可以写成公式(4-24)所示形式。

$$M = \frac{2E(I_e + Y_e^{1-n} S_p)}{\rho} \qquad (4\text{-}24)$$

当 $Y_e \leqslant R - t$ 时,I_e 依旧用公式(4-4)表示。S_p 划分为两部分,计算公式如下:

$$S_p = S_p' + S_p'' = \int_{Y_e}^{R-t} B(Y) Y^{n+1} \mathrm{d}Y + \int_{R-t}^R B(Y) Y^{n+1} \mathrm{d}Y \qquad (4\text{-}25)$$

将 $B(\theta)$ 和 $Y = R\cos\theta$ 代入公式(4-25),可得

$$S_p' = \int_{\arccos(Y_e/R)}^{\arccos[(R-t)/R]} R^{n+1} \cos^{n+1}\theta \left[2R\sin\theta - 2\sqrt{(R-t)^2 - R^2 \cos^2\theta} \right] (-R\sin\theta \mathrm{d}\theta)$$

$$(4\text{-}26)$$

$$S_p'' = \int_{\arccos[(R-t)/R]}^0 R^{n+1} \cos^{n+1}\theta (2R\sin\theta)(-R\sin\theta) \mathrm{d}\theta \qquad (4\text{-}27)$$

对公式(4-26)和公式(4-27)积分,可以得到

$$S_p = \frac{2\sin[\arccos(Y_e/R)]}{n+3} \left(-RY_e^{n+2} + \frac{R^3}{n+1} Y_e^n \right) + \frac{2Y_e^{n+2}}{n+3} \sqrt{(R-t)^2 - Y_e^2}$$

$$(4\text{-}28)$$

联立公式(4-4)、公式(4-24)和公式(4-28),可以计算出 $Y_e \leqslant R - t$ 时的弯矩 M。

当 $R - t < Y_e \leqslant R$ 时,I_e 依旧用公式(4-9)表示。S_p 仅有一项,计算公式如下:

$$S_p = \int_{\arccos(Y_e/R)}^0 R^{n+1} \cos^{n+1}\theta (2R\sin\theta)(-R\sin\theta) \mathrm{d}\theta \qquad (4\text{-}29)$$

对公式(4-29)积分,可以得到

$$S_p = \frac{2\sin[\arccos(Y_e/R)]}{n+3} \left(-RY_e^{n+2} + \frac{R^3}{n+1} Y_e^n \right) \qquad (4\text{-}30)$$

联立公式(4-9)、公式(4-24)和公式(4-30),可以计算出 $R - t < Y_e \leqslant R$ 时的弯矩 M。

将计算出的弯矩 M 与公式(4-13)、公式(4-14)联立,可以求解处回弹前弯曲半径 ρ_0 和回弹后弯曲半径 ρ_f 的关系。

4.1.3　回弹问题的弹塑性线性硬化求解模型

参考文献[27]给出了管材弯曲回弹问题的弹塑性线性硬化求解模型,该求解过程适用于满足线性硬化规律的材料($\sigma = \sigma_S + E_p(\varepsilon - \varepsilon_S)$)。分析过程中,仅考虑切线方向上的变形,管材弯曲中面的移动可以忽略不计。假定横截面保持不变,不存在畸变和壁厚变化;不存在包申格(Bauchinger)效应、屈曲和撕裂现象;管材截面轴线始终垂直于外力平面。

弯曲变形由弹性变形和塑性变形构成,其计算方法如下:

$$\varepsilon_\theta = \varepsilon_\theta^e + \varepsilon_\theta^p = \ln\left(1 + \frac{R\sin\varphi}{\rho}\right) \tag{4-31}$$

式中,ε_θ^e 和 ε_θ^p 分别表示切向弹性应变和塑性应变,φ 为应变位置与弯曲平面的夹角(如图 4-2 所示),R 为管材外径,ρ 为弯曲半径。

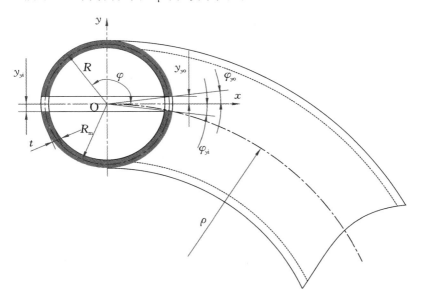

图 4-2　弯管横截面参数示意图

基于图 4-3 所示的应力应变关系曲线,切向应力可以表示为

$$\sigma_\theta = \begin{cases} \sigma_\theta^e = E\varepsilon_\theta & (0 < \sigma_\theta \leqslant \sigma_S) \\ \sigma_S + \sigma_\theta^p = \sigma_S + E_p\left(\varepsilon_\theta - \dfrac{\sigma_S}{E}\right) & (\sigma_\theta > \sigma_S) \end{cases} \tag{4-32}$$

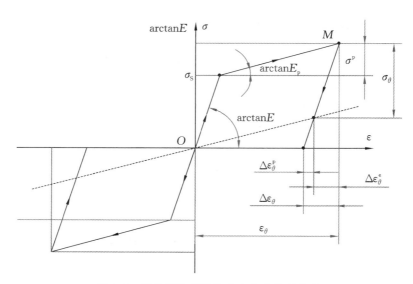

图 4-3 线性硬化模型的应力应变关系曲线

式中，σ_{S} 为屈服应力，E 为弹性模量，E_{p} 为线性硬化指数（塑性模量）。

弯曲时施加在管材上的弯矩可以表示为

$$M = 2\int_0^{\pi} \sigma_\theta R_{\mathrm{m}}^2 t \sin\varphi \,\mathrm{d}\varphi = 4\int_0^{\varphi_y} \sigma_\theta R_{\mathrm{m}}^2 t \sin\varphi \,\mathrm{d}\varphi + 2\int_{\varphi_y}^{\pi-\varphi_y} \sigma_\theta R_{\mathrm{m}}^2 t \sin\varphi \,\mathrm{d}\varphi \quad (4\text{-}33)$$

式中，φ_y 为弹塑性边界与弯曲中面之间的夹角，R_{m} 为管材厚度方向的中面半径。

将公式(4-31)和公式(4-32)代入公式(4-33)，可得

$$\begin{aligned}
M = M^{\mathrm{e}} + M^{\mathrm{p}} &= 4\int_0^{\varphi_y} E\ln\left(1 + \frac{R\sin\varphi}{\rho}\right)R_{\mathrm{m}}^2 t \sin\varphi \,\mathrm{d}\varphi \\
&\quad + 2\int_{\varphi_y}^{\pi-\varphi_y} \left\{\sigma_{\mathrm{S}} + E_{\mathrm{p}}\left[\ln\left(1 + \frac{R\sin\varphi}{\rho}\right) - \frac{\sigma_{\mathrm{S}}}{E}\right]\right\}R_{\mathrm{m}}^2 t \sin\varphi \,\mathrm{d}\varphi
\end{aligned}$$

$(4\text{-}34)$

式中，t 为管材厚度。

对公式(4-34)进行积分，可得

$$M = 2\left(r - \frac{t}{2}\right)^2 t\left[(E - E_{\mathrm{p}})\frac{R}{\rho}(2\varphi_y - \sin2\varphi_y) + \pi E_{\mathrm{p}}\,\frac{R}{\rho} + 4\sigma_{\mathrm{S}}\left(1 - \frac{E_{\mathrm{p}}}{E}\right)\cos\varphi_y\right]$$

$(4\text{-}35)$

$$M^{\mathrm{p}} = \left(r - \frac{t}{2}\right)^2 t E_{\mathrm{p}}\left[\frac{R}{\rho}(\pi - 2\varphi_y + \sin2\varphi_y) - \frac{4\sigma_{\mathrm{S}}}{E}\cos\varphi_y\right] \quad (4\text{-}36)$$

在弹塑性变形分界线上,有以下关系:

$$\begin{cases} \varepsilon_y = \pm \dfrac{\sigma_S}{E} = \ln\left(1 \pm \dfrac{R\sin\varphi_y}{\rho}\right) \\[3mm] y_{yi} = R\sin\varphi_{yi} = \rho\left(1 - e^{-\frac{\sigma_S}{E}}\right) \\[3mm] y_{yo} = R\sin\varphi_{yo} = \rho\left(e^{-\frac{\sigma_S}{E}} - 1\right) \end{cases} \tag{4-37}$$

式中,y_{yi} 和 y_{yo} 如图 4-3 所示。y_{yi} 与 y_{yo} 之间的差异可以忽略不计,可以认为 $y_{yi} = y_{yo}$,$\varphi_y = \varphi_{yo}$,进而可得

$$\varphi_y = \arcsin\left[\frac{\rho}{R}(e^{\frac{\sigma_S}{E}} - 1)\right] \approx \arcsin\left(\frac{\rho}{R}\frac{\sigma_S}{E}\right) \tag{4-38}$$

回弹过程为完全弹性过程,因此,回弹角度与弯矩之间有如下关系:

$$\Delta\theta = \frac{M\rho}{EI}\theta \tag{4-39}$$

式中,I 表示极惯性矩,对于圆管,$I = \pi[R^4 - (R-t)^4]/4$。

将公式(4-35)、公式(4-38)代入公式(4-39),可得

$$\Delta\theta = \frac{\dfrac{2}{\pi}\left(1 - \dfrac{E_p}{E}\right)\left[\arcsin\left(\dfrac{\rho}{R}\dfrac{\sigma_S}{E}\right) + \left(\dfrac{\rho}{R}\dfrac{\sigma_S}{E}\right)\sqrt{1 - \left(\dfrac{\rho}{R}\dfrac{\sigma_S}{E}\right)^2}\right] + \dfrac{E_p}{E}}{1 - t/2R + \dfrac{t^2/4R^2}{1 - t/2R}}\theta \tag{4-40}$$

将公式(4-36)、公式(4-38)代入公式(4-39),可得

$$\Delta\theta^p = \frac{E_p}{E}\frac{1 - \dfrac{2}{\pi}\left[\arcsin\left(\dfrac{\rho}{R}\dfrac{\sigma_S}{E}\right) + \left(\dfrac{\rho}{R}\dfrac{\sigma_S}{E}\right)\sqrt{1 - \left(\dfrac{\rho}{R}\dfrac{\sigma_S}{E}\right)^2}\right]}{1 - t/2R + \dfrac{t^2/4R^2}{1 - t/2R}}\theta \tag{4-41}$$

进而可得

$$\Delta\theta^e = \Delta\theta - \Delta\theta^p = \frac{\dfrac{2}{\pi}\left(2 - \dfrac{E_p}{E}\right)\left[\arcsin\left(\dfrac{\rho}{R}\dfrac{\sigma_S}{E}\right) + \left(\dfrac{\rho}{R}\dfrac{\sigma_S}{E}\right)\sqrt{1 - \left(\dfrac{\rho}{R}\dfrac{\sigma_S}{E}\right)^2}\right]}{1 - t/2R + \dfrac{t^2/4R^2}{1 - t/2R}}\theta \tag{4-42}$$

4.1.4　回弹问题的其他硬化求解模型

参考文献[44]给出了管材弯曲回弹问题的其他硬化求解模型,该求解模型作如下假设:

（1）材料满足以下硬化规律：

$$\sigma = \begin{cases} E\varepsilon & (\varepsilon < \varepsilon_S) \\ K(\varepsilon + b)^n & (\varepsilon \geqslant \varepsilon_S) \end{cases} \tag{4-43}$$

式中，b 为材料常数，K 为强度系数，n 为硬化指数。

（2）弹塑性变形过程中，弹性模量是等效应变的函数，即满足公式(4-44)。

$$E = \begin{cases} E_0 & (\bar{\varepsilon} < \varepsilon_S) \\ E_u = E_0 - (E_0 - E_a)(1 - e^{\xi \bar{\varepsilon}}) & (\bar{\varepsilon} \geqslant \varepsilon_S) \end{cases} \tag{4-44}$$

式中，ξ 是反映材料弹性模量下降速率的力学常数，E_0 为弹性变形时材料的弹性模量，E_a 表示大应变条件下材料的稳定弹性模量。

（3）弯曲过程中的切应力、切应变、厚度方向应力和周向变形可以忽略不计，即存在如下关系：

$$\begin{cases} \sigma_{ij} = 0(i \neq j) \\ \varepsilon_{ij} = 0(i \neq j) \\ \sigma_t = 0 \\ \varepsilon_D = 0 \end{cases} \tag{4-45}$$

（4）材料为各向同性材料，包申格效应可以忽略不计。

（5）管材横截面在弯曲后仍为平面，应力与应变方向一致。

（6）塑性变形过程中，材料体积保持不变，即满足以下关系：

$$\varepsilon_x + \varepsilon_y + \varepsilon_z = 0 \tag{4-46}$$

在弹性变形区，应力应变关系符合胡克定律，即满足公式(4-47)。

$$\begin{cases} \varepsilon_\theta = \dfrac{1}{E_0}(\sigma_\theta - \mu\sigma_D) \\ \varepsilon_D = \dfrac{1}{E_0}(\sigma_D - \mu\sigma_\theta) \\ \varepsilon_t = \dfrac{1}{E_0}[-\mu(\sigma_\theta + \sigma_D)] \end{cases} \tag{4-47}$$

式中，σ_φ 和 σ_D 分别表示轴向应力和周向应力，ε_θ、ε_D 和 ε_t 分别表示轴向应变、周向应变和厚度方向应变。

在弹性变形区，应力应变关系如下：

$$\sigma_\theta = \dfrac{E_0}{1 - \mu^2}\varepsilon_\theta \tag{4-48}$$

塑性区的应力应变关系如下：

$$\begin{cases} \varepsilon_\theta = \left(\dfrac{\mathrm{d}\bar{\varepsilon}}{\mathrm{d}\bar{\sigma}} + \dfrac{1}{3G} \right) \left(\sigma_\theta - \dfrac{1}{2}\sigma_D \right) \\[2mm] \varepsilon_D = \left(\dfrac{\mathrm{d}\bar{\varepsilon}}{\mathrm{d}\bar{\sigma}} + \dfrac{1}{3G} \right) \left(\sigma_D - \dfrac{1}{2}\sigma_\theta \right) \\[2mm] \varepsilon_t = \left(\dfrac{\mathrm{d}\bar{\varepsilon}}{\mathrm{d}\bar{\sigma}} + \dfrac{1}{3G} \right) \left[-\dfrac{1}{2}(\sigma_\theta + \sigma_D) \right] \end{cases} \qquad (4\text{-}49)$$

根据公式(4-45)和公式(4-49)，可得如下关系：

$$\sigma_D = \sigma_\theta / 2 \qquad (4\text{-}50)$$

根据公式(4-45)和公式(4-46)，塑性区轴向和厚度方向的应变关系如下：

$$\varepsilon_t = -\varepsilon_\theta \qquad (4\text{-}51)$$

等效应力应变可以写作如下形式：

$$\begin{cases} \bar{\sigma} = \dfrac{1}{\sqrt{2}}\sqrt{\sigma_\theta^2 + \sigma_D^2 + (\sigma_\theta - \sigma_D)^2} = \dfrac{\sqrt{3}}{2}|\sigma_\theta| \\[3mm] \bar{\varepsilon} = \dfrac{2}{\sqrt{3}}|\varepsilon_\theta| \end{cases} \qquad (4\text{-}52)$$

由公式(4-43)和公式(4-52)可得，塑性区的轴向应力应变关系可进一步写作：

$$|\sigma_\theta| = \dfrac{2}{\sqrt{3}}\bar{\sigma} = \dfrac{2K}{\sqrt{3}} \left(\dfrac{2}{\sqrt{3}}|\varepsilon_\theta| + b \right)^n \qquad (4\text{-}53)$$

在体积不变的条件下，弯曲过程中，中性层的变化可以用公式(4-54)表示。

$$D_e = \rho - r\sqrt{(\rho/r)^2 - 1} \qquad (4\text{-}54)$$

式中，D_e 为应变中性层的偏移量(如图 4-4 所示)，r 为管材内径，ρ 为弯曲半径。

在考虑中性层移动的条件下，弯曲后管材厚度方向和周向应变可以用公式(4-55)表示。

$$\begin{cases} \varepsilon_t = \ln \dfrac{t}{t_0} \\[3mm] \varepsilon_\theta = \ln \dfrac{\rho + y}{\rho - D_e} \end{cases} \qquad (4\text{-}55)$$

式中，t_0 和 t 分别为变形前后管材外侧的厚度值，y 为计算点与弯曲中面的距离，可以通过公式(4-56)计算。

$$y = (r + t)\cos\varphi \qquad (4\text{-}56)$$

式中，φ 为计算点与管材对称面之间的夹角(如图 4-4 所示)。

将公式(4-55)、公式(4-56)代入公式(4-51)，可得

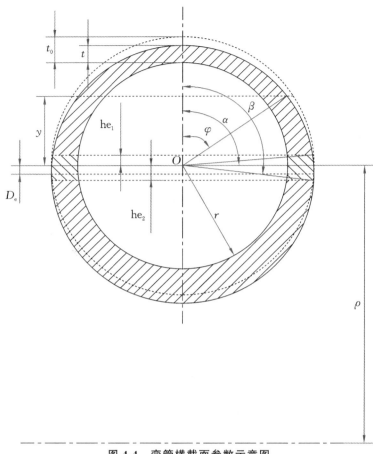

图 4-4 弯管横截面参数示意图

$$t=\begin{cases} \dfrac{(\rho-D_e)t_0}{\rho} & \left(\varphi=\dfrac{\pi}{2}\right) \\ \dfrac{-(\rho+r\cos\varphi)+\sqrt{(\rho+r\cos\varphi)^2+4\cos\varphi t_0(\rho-D_e)}}{2\cos\varphi} & \left(\varphi\neq\dfrac{\pi}{2}\right) \end{cases} \qquad (4\text{-}57)$$

从公式(4-52)、公式(4-55)可以得到管材外侧弹塑性变形区域的轴向应变,计算方式如下:

$$\varepsilon_S=\overline{\varepsilon_a}=\frac{2}{\sqrt{3}}\varepsilon_a=\frac{2}{\sqrt{3}}\ln\frac{\rho+he_1}{\rho-D_e} \qquad (4\text{-}58)$$

式中,he_1 的计算方法如下:

$$he_1=(\rho-D_e)e^{\frac{\sqrt{3}}{2}\varepsilon_S}-\rho \qquad (4\text{-}59)$$

从图 4-4 中可得以下关系:

$$y_a = \mathrm{he}_1 = (r + t_a)\cos\alpha \tag{4-60}$$

根据公式(4-57)，可得

$$t_a = \frac{-(\rho + r\cos\alpha) + \sqrt{(\rho + r\cos\alpha)^2 + 4\cos\alpha t_0(\rho - D_e)}}{2\cos\alpha} \tag{4-61}$$

将公式(4-59)、公式(4-61)代入公式(4-60)，可得

$$\alpha = \arccos\frac{[(\rho - D_e)\mathrm{e}^{\frac{\sqrt{3}}{2}\varepsilon_S} - \rho]\,\mathrm{e}^{\frac{\sqrt{3}}{2}\varepsilon_S}}{r\,\mathrm{e}^{\frac{\sqrt{3}}{2}\varepsilon_S} + t_0} \tag{4-62}$$

采用同样的计算方法，可以得到 he_2 和 β。

$$\mathrm{he}_2 = \rho - (\rho - D_e)\mathrm{e}^{-\frac{\sqrt{3}}{2}\varepsilon_S} \tag{4-63}$$

$$\beta = \arccos\frac{[(\rho - D_e)\mathrm{e}^{-\frac{\sqrt{3}}{2}\varepsilon_S} - \rho]\,\mathrm{e}^{-\frac{\sqrt{3}}{2}\varepsilon_S}}{r\,\mathrm{e}^{-\frac{\sqrt{3}}{2}\varepsilon_S} + t_0} \tag{4-64}$$

联立公式(4-48)、公式(4-53)、公式(4-62)和公式(4-64)，可得管材弯曲截面上的轴向应力如下：

$$\sigma_\theta = \begin{cases} \dfrac{2K}{\sqrt{3}}\left(\dfrac{2}{\sqrt{3}}\varepsilon_\theta + b\right)^n & (0 \leqslant \varphi \leqslant \alpha) \\[3mm] \dfrac{E_0}{1-\mu^2}\varepsilon_\theta & (\alpha < \varphi \leqslant \beta) \\[3mm] -\dfrac{2K}{\sqrt{3}}\left(-\dfrac{2}{\sqrt{3}}\varepsilon_\theta + b\right)^n & (\beta < \varphi \leqslant \pi) \end{cases} \tag{4-65}$$

回弹后的应力可以表示为

$$\sigma_\theta^r = \sigma_\theta + \Delta\sigma_\theta = \sigma_\theta + \frac{E}{1-\mu^2}\Delta\varepsilon_\theta = \sigma_\theta + \frac{E}{1-\mu^2}\ln\left(\frac{\rho_e - y}{\rho_e + D_e}\right) \tag{4-66}$$

式中，ρ_e 为回弹半径。由于 $\Delta\varepsilon_\theta$ 的值很小，可作如下近似：

$$\ln\left(\frac{\rho_e - y}{\rho_e + D_e}\right) \approx -\frac{y + D_e}{\rho_e + D_e} \tag{4-67}$$

从公式(4-44)、公式(4-65)和公式(4-66)可得回弹后的应力如下：

$$\sigma_\theta^r = \begin{cases} \dfrac{2K}{\sqrt{3}}\left(\dfrac{2}{\sqrt{3}}\varepsilon_\theta + b\right)^n - \dfrac{E_u}{1-\mu^2}\dfrac{y + D_e}{\rho_e + D_e} & (0 \leqslant \varphi \leqslant \alpha) \\[3mm] \dfrac{E_0}{1-\mu^2}\left(\varepsilon_\theta - \dfrac{y + D_e}{\rho_e + D_e}\right) & (\alpha < \varphi \leqslant \beta) \\[3mm] -\dfrac{2K}{\sqrt{3}}\left(-\dfrac{2}{\sqrt{3}}\varepsilon_\theta + b\right)^n - \dfrac{E_u}{1-\mu^2}\dfrac{y + D_e}{\rho_e + D_e} & (\beta < \varphi \leqslant \pi) \end{cases} \tag{4-68}$$

回弹后，管材截面应力总和对外表现为 0，所以有

$$\int_0^\pi \sigma_\theta^r (t^2 + 2rt) \mathrm{d}\varphi = 0 \tag{4-69}$$

联立公式(4-68)和公式(4-69),可得

$$\frac{1}{\rho_e + D_e} = \frac{C_1 + C_2 + C_3}{C_4 + C_5 + C_6} \tag{4-70}$$

式中,C_1 到 C_6 的计算方法如下：

$$\begin{cases} C_1 = \int_0^\alpha \frac{2KM}{\sqrt{3}} \left(\frac{2}{\sqrt{3}} \varepsilon_\theta + b \right)^n \mathrm{d}\varphi \\[2mm] C_2 = \int_\alpha^\beta \frac{E_0 M}{1 - \mu^2} \varepsilon_\theta \mathrm{d}\varphi \\[2mm] C_3 = \int_\beta^\pi -\frac{2K}{\sqrt{3}} \left(-\frac{2}{\sqrt{3}} \varepsilon_\theta + b \right)^n \mathrm{d}\varphi \\[2mm] C_4 = \int_0^\alpha \frac{E_u M (y + D_e)}{1 - \mu^2} \mathrm{d}\varphi \\[2mm] C_5 = \int_\alpha^\beta \frac{E_0 M (y + D_e)}{1 - \mu^2} \mathrm{d}\varphi \\[2mm] C_6 = \int_\beta^\pi \frac{E_u M (y + D_e)}{1 - \mu^2} \mathrm{d}\varphi \end{cases} \tag{4-71}$$

式中,C_1 为外侧塑性变形区在回弹前的轴向载荷之和,C_2 为内外侧弹性变形区在回弹前的轴向载荷之和,C_3 为内侧塑性变形区在回弹前的轴向载荷之和,C_4 为外侧塑性变形区在回弹过程中的轴向载荷之和与 $-(\rho_e + D_e)$ 的乘积,C_5 为内外侧弹性变形区在回弹过程中的轴向载荷之和与 $-(\rho_e + D_e)$ 的乘积,C_6 为内侧塑性变形区在回弹过程中的轴向载荷之和与 $-(\rho_e + D_e)$ 的乘积,参数 $M = t^2 + 2tr$。

回弹后的残余曲率可以表示为

$$\frac{1}{\rho_e^r} = \frac{1}{\rho - D_e} - \frac{1}{\rho_e + D_e} \tag{4-72}$$

弯曲前后管材长度方向的尺寸变化可以忽略不计,由此可得

$$(\rho - D_e)\theta = \rho_e^r \theta^r \tag{4-73}$$

式中,θ^r 为管材回弹后的弯曲角度。

联立公式(4-72)和公式(4-73),可得

$$\Delta\theta = \theta - \theta^r = \frac{\rho - D_e}{\rho_e + D_e} \theta \tag{4-74}$$

联立公式(4-70)、公式(4-72)和公式(4-74),可以建立回弹角的求解方程,该方程为隐式方程,很难直接求出解析解。可以采用数值方法按照图 4-5 所示步骤求解 $C_1 \sim C_6$ 的值和回弹角。

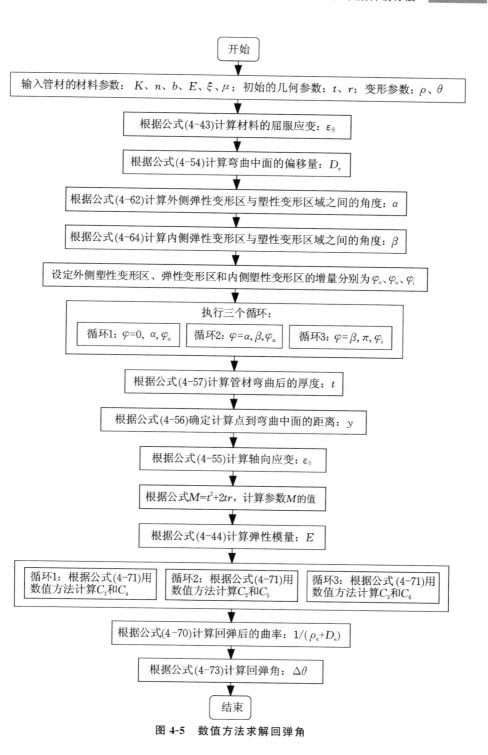

图 4-5　数值方法求解回弹角

4.2 绕弯回弹分析数值模拟模型的研究现状

4.2.1 圆管绕弯回弹分析数值模拟模型

参考文献[34]采用数值模拟方法构建了厚壁圆管绕弯成形回弹分析模型,作者以高强度钛合金(Ti-3Al-2.5V)管材作为数值模拟对象,研究了数值参数对回弹仿真预测精度和计算效率的影响。

Ti-3Al-2.5V 管材的材料参数通过单向拉伸试验获得。根据 GB/T 228.1—2021 对完整管材试件进行拉伸试验,同时考虑到材料的各向异性,使用横向引伸计获取各向异性指数。采用指数硬化模型 $\sigma = K(a + \varepsilon)^n$ 来表示应力应变关系,确定材料的力学性能参数。忽略平面内的各向异性和包申格效应影响,管材横向的各向异性可以用 Hill48 屈服准则来近似表示。用与各向异性指数有关的屈服应力比 R_{ij} 来表示 Hill48 屈服准则参数,输入 ABAQUS 有限元分析软件中。

作者基于上述数值模拟模型分析了单元类型、厚度方向单元数量、质量缩放系数、收敛控制等因素对圆管绕弯成形回弹的影响,其研究结论如下:

(1) C3D8R 和 SC8R 单元利用相同数量的积分点可以很好地预测实验结果,而 S4R 单元需要通过增加积分点数量才能较好地预测实验结果。此外,C3D8R 单元比 SC8R 单元花费的计算时间更少。

(2) 网格尺寸较大时计算误差比较大,为了使计算结果可靠,厚度方向单元的数量不应小于 3。

(3) 应谨慎选择质量缩放因子,以避免动能过大。在 ABAQUS/Implicit 回弹方案中,为了获得可靠的回弹分析结果,最好指定阻尼系数。在收敛条件下,回弹结果随阻尼系数的增大而减小。此外,初始增量大小的变化并不影响回弹结果,但可以影响计算时间。

除上述文献外,与圆管绕弯成形回弹数值模拟模型相关的参考文献还有很多。

参考文献[40]和[45]也构建了圆管绕弯成形回弹数值模拟模型,以 1Cr18Ni9Ti、AA5052O 和 Ti-3Al-2.5V 管材为分析对象,通过数值模拟研究了相对弯曲半径、壁厚管径比、材料参数等因素对圆管绕弯成形回弹的影响。研究发现:①随着弯曲角度的增大,回弹角度随弯曲角度由非线性变化逐渐过渡到线性变化;②弯曲半径和管径越小,回弹角度随弯曲角度的非线性变化趋势就越明显;③弹性模量和硬化指数增大时回弹角度逐渐减小,屈服应力和强度系数增大时回弹角度正向增大。

参考文献[46]采用数值解析方法分析了圆管绕弯成形过程中的回弹行为,研究发现绕弯回弹可以划分为弯曲部分(回弹角度与弯曲角度呈双线性关系)和平直部分(回弹角度与弯曲角度呈指数关系)。根据弯曲部分和平直部分的回弹角度的变化特征,可以得到更为合理的回归方程。增大强度系数、减小相对弯曲半径或减小硬化指数,均会导致回弹角度的增大。

4.2.2 矩形管绕弯回弹分析数值模拟模型

参考文献[47]采用数值模拟方法构建了 H96 矩形管材绕弯成形回弹分析模型。在该模型中,作者考虑了各向同性硬化、混合硬化和 Yoshida-Uemori 双面硬化模型对回弹的影响。

H96 矩形管材的各向同性硬化、混合硬化和 Yoshida-Uemori 双面硬化材料参数全部通过单向拉伸-压缩试验获得,单向拉伸-压缩试验所采用的试件如图 4-6 所示。

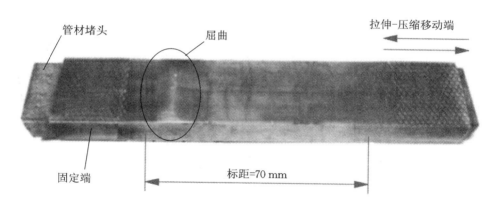

图 4-6 单向拉伸-压缩试验中的矩形管试件

试验中使用标距长度分别为 70 mm 和 155 mm 的试件,获得材料应力应变关系如图 4-7 所示。

对应力应变关系进行拟合,可以分别获得各向同性硬化、混合硬化和 Yoshida-Uemori 双面硬化材料参数,如表 4-1 和表 4-2 所示。

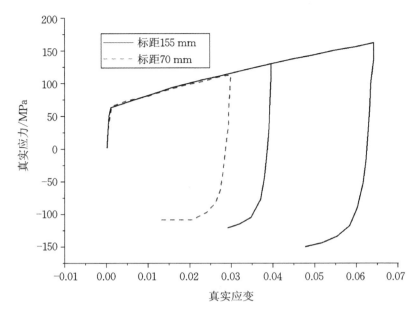

图 4-7　H96 矩形管材真实应力应变曲线

表 4-1　Yoshida-Uemori 双面硬化模型中 H96 矩形管的材料参数

参数	Y/MPa	C	B/MPa	R_{sat}/MPa	b/MPa	m	h
值	59.39	250	67.42	246.5	90.96	4.63	0.1

表中,Y 是偏差应力空间中屈服面的半径;B 是边界曲面的初始尺寸;R_{sat} 是在无限大的塑性应变下,各向同性硬化应力 R 的饱和值;m 是控制各向同性硬化速率的材料参数;h 是表示边界表面膨胀速率的材料参数。

表 4-2　各向同性硬化模型和混合硬化模型中 H96 矩形管的材料参数

参数	弹性模量 E/GPa	屈服应力 σ_S/MPa	泊松比 μ	强度系数 K/MPa	硬化指数 n	材料常数 ε_0
值	92.82	59.39	0.324	588.17	0.51	0.0104

接着在 ABAQUS 有限元分析软件中构建矩形管材绕弯成形过程和卸载过程分析模型。将本构方程写入材料本构子程序中,并按照有限元分析软件的要求定义管材的材料属性,将所有参数输入软件系统中,即可完成不同硬化模型条件下矩形管的变形模拟。

借助于该数值模拟模型,作者分析了不同硬化模型下 H96 矩形管的绕弯成形结果、不同弯曲角度时管材内凸缘对称线处切向应力随弯曲分析时间的变化规律、不同硬化模型下弯曲角度与回弹角度的关系以及芯棒类型对回弹规律的影响等。研究结论如下:

(1) 在回弹半径预测方面,各向同性硬化、混合硬化和 Yoshida-Uemori 双面硬化模型的预测结果都比较准确。在截面凹陷预测方面,Yoshida-Uemori 双面硬化模型的预测结果稍微优于各向同性和混合硬化模型。

(2) Yoshida-Uemori 双面硬化模型可以描述反向加载过程中的瞬态包申格效应和永久软化,因此比各向同性和混合硬化模型更适合于回弹角预测,特别是变形较大的回弹角预测。

(3) 对于绕弯过程的回弹预测,管内填料决定了是否应该考虑 Yoshida-Uemori 双面硬化模型。当使用 PVC 芯棒时,三种硬化模型的预测结果基本相同。只有在采用柔性铁芯等填料时,才需要使用 Yoshida-Uemori 双面硬化材料模型。

4.2.3　异形管绕弯回弹分析数值模拟模型

参考文献[48]构建了不对称铝合金薄壁管材绕弯扭曲回弹数值分析模型。作者根据截面性质和塑性变形理论,分析了非均匀载荷作用下的扭转力矩和扭转角度关系。采用 Balart Yld2000-2d 屈服准则,结合混合各向同性和运动硬化模型,表征管材的各向异性的行为,通过单向拉伸试验和剪切试验获得材料的力学性能参数。同时为了提高数值模拟精度,作者提出了基于表面的柔性芯棒耦合铰链约束模型,并与以往的模型进行了比较。

1. 扭转力矩和扭转角度关系

作者所选用的异形管截面如图 4-8 所示,首先采用塑性变形理论建立了扭转力矩和扭转角度关系。建立过程如下。

该异形管在弯曲过程中,轴向回弹角度的表示方法与圆管类似,如公式(4-75)所示。

$$\Delta\theta = \theta - \theta' \tag{4-75}$$

式中,θ 和 θ' 分别为回弹前后的弯曲角度。

在横截面方向上,扭转量可分为两部分:闭合截面(矩形管)中性轴的旋转角和

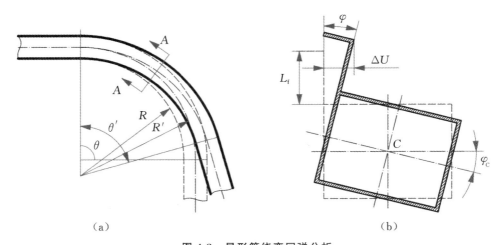

（a）
（b）

图 4-8　异形管绕弯回弹分析

（a）轴向回弹角度；（b）扭曲回弹角度（A-A）

开口截面（翅片）的翘曲角。φ_C 和 φ 分别表示闭合部分和开放部分的扭曲度，如图 4-8 所示。在相同的工艺结构下，翅片部分的扭转变形应远远大于闭合截面部分的扭转变形，翅片部分的扭转回弹角度可以表示为

$$\varphi = \arctan \frac{\Delta U}{L_f} \tag{4-76}$$

式中，L_f 和 ΔU 分别为翅片的长度和最大位移量。

为了分析薄壁管的扭转变形，作者引入了剪切流的概念。当管材承受扭矩时横截面上会产生切应力，但是由于切应力分布不均，因此无法确定截面上各个位置切应力的值。更好的方法是用剪切流 q 来表示，剪切流 q 的值是应力乘以变化的厚度 t。对于具有开闭截面特征的薄壁管材结构，所施加的力矩可以表示为

$$T = \sum_{i=1}^{n} 2q_i A_i + \sum_{i=1}^{m} GJ_i \theta \tag{4-77}$$

对于图 4-8 所示异形管截面而言，公式（4-77）可以表示为

$$T = 2qA_E + GJ_f \theta \tag{4-78}$$

式中，A_E 为管壁中面所构成的封闭区域面积，J_f 为翅片的扭转常数，剪切流 q 表示如图 4-9 所示的力矩引起的管材截面每单位长度上的力的大小。q 沿轮廓是恒定的，当厚度最小时切应力最大。

扭转角度可以通过应变能理论确定，在图 4-9 所示的微元体中，引起变形的载荷可以表示为 $dQ = q\,ds$。设微元体一端的变形量为 0，则另一端的变形量为 $\gamma\,ds$，

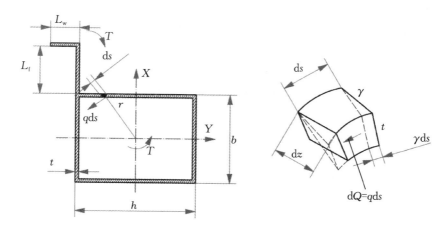

图 4-9　薄壁管单元的变形及截面的几何形状

微元体的平均变形为 $\gamma \mathrm{d}s / 2$。根据胡克定律（$\gamma = \tau / G$），应变能的计算方法可以表示为

$$\mathrm{d}U = \frac{(q\,\mathrm{d}s)(\gamma\,\mathrm{d}s)}{2} = \frac{q\gamma\,(\mathrm{d}s)^2}{2} = \frac{q^2\,\mathrm{d}s\,\mathrm{d}z}{2Gt} \tag{4-79}$$

将公式（4-79）沿截面长度方向积分，可以得到

$$U = \frac{q^2}{2G} \int_0^L \left(\oint_s \frac{\mathrm{d}s}{t} \right) \mathrm{d}z = \frac{q^2 \rho \theta}{4G} \oint_s \frac{\mathrm{d}s}{t} \tag{4-80}$$

由力矩引起的能量可以近似表示为 $U = T\varphi / 2$，φ 为半径方向上的扭转角度。与此同时，根据剪切流与力矩的关系 $q = T/(2A_\mathrm{E})$，可以得到

$$\frac{T\varphi}{2} = \left(\frac{T}{2A_\mathrm{E}} \right)^2 \frac{\rho\theta}{4G} \oint_s \frac{\mathrm{d}s}{t} \tag{4-81}$$

进一步可以得到

$$\varphi = \frac{T\rho\theta}{8GA_\mathrm{E}^2} \oint_s \frac{\mathrm{d}s}{t} = \frac{T\rho\theta}{2GJ} \tag{4-82}$$

将异形管的扭转常量划分为封闭截面常量 J_C 和翅片截面常量 J_A 两部分，可以得到二者的计算方法如下：

$$\begin{cases} J_\mathrm{C} = \dfrac{4A_\mathrm{E}^2}{\oint_s \dfrac{\mathrm{d}s}{t}} = \dfrac{2t\,(b-t)^2\,(h-t)^2}{b+h-2t} \\[4mm] J_\mathrm{A} = \dfrac{1}{3}(L_\mathrm{f} + L_\mathrm{w})t^3 \end{cases} \tag{4-83}$$

式中,各参数如图 4-9 所示。

因此,截面封闭区和翅片区的扭转角度比可以表示为

$$\frac{\varphi_C}{\varphi_A} = \frac{J_A}{J_C} = \frac{(L_f + L_w)t^2(b+h-2t)}{6(b-t)^2(h-t)^2} \approx \frac{(L_f + L_w)(b+h)}{6(bh)^2}t^2 \ll 1 \quad (4\text{-}84)$$

从这个比值可以看出,闭合截面的扭转角度比具有相同成形结构的开放截面的要小得多,这说明扭转变形主要发生在薄壁管弯曲的翅片区。

2. 材料和力学性能参数

作者选用了 AA6060-T4 异形管材作为分析对象,采用单向拉伸试验获得材料的力学性能参数,为了能够反映材料的各向异性,分别沿轴向(0°)、周向(90°)和斜向(45°)方向截取试件。研究过程中,分别使用 Yld2000-2d 各向异性屈服函数及混合各向同性和运动硬化模型来表示材料的各向异性和包申格效应。在不同加载条件下进行拉伸试验,以积累足够的数据,用于本构模型的校准和验证。

接着在 ABAQUS 有限元分析软件中构建异形管材绕弯成形过程和卸载过程分析模型。将本构方程写入材料本构子程序中,并按照有限元软件的要求定义管材的材料属性,最终完成数值模拟模型的构建工作。

通过对异形管材绕弯扭曲回弹问题的研究,参考文献[48]揭示了扭曲变形的来源。周向应力和切向应力分别产生正、负扭转力矩,在芯棒缩回过程后,翅片部分的切向应力大于周向应力。这在回弹过程中对弯曲的部分产生正的扭转力矩,最终导致扭转角减小。

4.3 重要参数对管材绕弯回弹的影响规律

4.3.1 力学模型简化对回弹预测结果的影响

参考文献[44]以直径 6.0 mm、厚度 0.6 mm 的 Ti-3Al-2.5V 管材为研究对象,分析了不同力学模型下的回弹预测结果,如图 4-10 所示。几个模型计算结果所反映的回弹规律一致(回弹角度随弯曲角度线性增大),但不同模型的计算结果相差比较大。这说明力学模型的简化对回弹预测的精度有很大影响,若想提高回弹预测精度,在力学模型中必须尽可能多地反映影响回弹的关键因素。

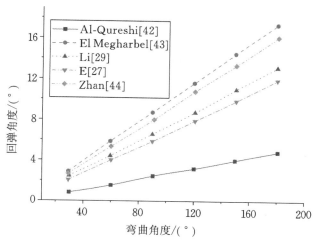

图 4-10　不同力学模型下弯曲角度与回弹角度的关系

4.3.2　几何参数对绕弯回弹的影响规律

参考文献[44]分析了管材直径和厚度对弯曲回弹的影响规律。如图 4-11 和图 4-12 所示,弯曲角度区间为 30°～150°,在该区间内当弯曲角度为定值时,随着管材直径的增大回弹角度逐渐增大,而随着管材厚度的增大回弹角度逐渐减小。管材直径 $D = 5.4$ mm 时的回弹角度计算结果要比 $D = 6.6$ mm 时的计算结果大 15% 左右。管材厚度 $t = 0.54$ mm 时的回弹角度计算结果要比 $t = 0.66$ mm 时的计算结果小 15% 左右。

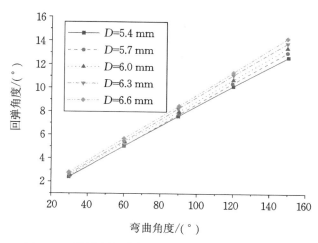

图 4-11　管材直径对弯曲角度与回弹角度关系的影响

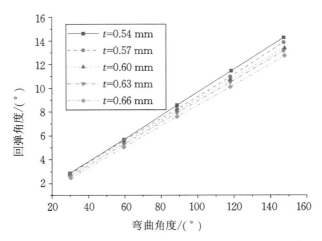

图 4-12 管材厚度对弯曲角度与回弹角度关系的影响

4.3.3 材料参数对绕弯回弹的影响规律

参考文献[44]还分析了强度系数 K、硬化指数 n 和泊松比 μ 对绕弯回弹的影响规律。如图 4-13、图 4-14 和图 4-15 所示,当弯曲角度为定值时,随着强度系数 K 的增大,回弹角度逐渐增大,随着硬化指数 n 和泊松比 μ 的增大,回弹角度逐渐减小。

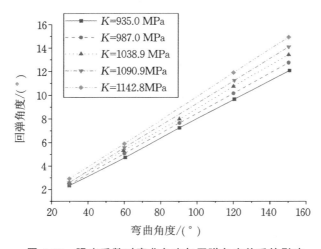

图 4-13 强度系数对弯曲角度与回弹角度关系的影响

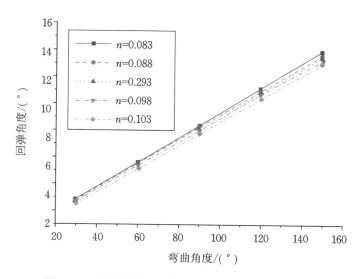

图 4-14　硬化指数对弯曲角度与回弹角度关系的影响

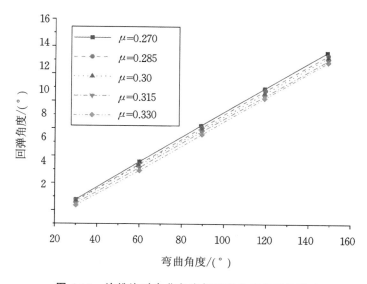

图 4-15　泊松比对弯曲角度与回弹角度关系的影响

　　参考文献[45]分析了弹性模量 E 对绕弯回弹的影响规律,如图 4-16 所示,当弯曲角度为定值时,随着弹性模量的增大,回弹角度逐渐减小。

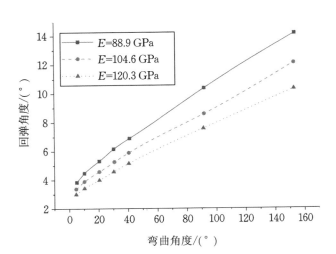

图 4-16　弹性模量对弯曲角度与回弹角度关系的影响

图 4-13、图 4-14、图 4-15 和图 4-16 所示趋势与参考文献[40]中数值模拟结果相一致,这也验证了理论解析模型所示规律的正确性。

4.3.4　其他工艺参数对绕弯回弹的影响规律

参考文献[44]还研究了相对弯曲半径 ρ/D 对绕弯回弹的影响规律,如图 4-17 所示,当弯曲角度为定值时,随着相对弯曲半径 ρ/D 的增大,回弹角度逐渐增大。

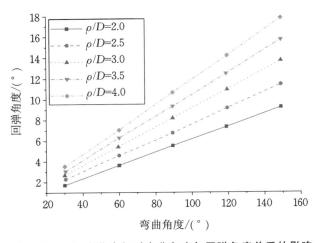

图 4-17　相对弯曲半径对弯曲角度与回弹角度关系的影响

4.4　管材绕弯回弹缺陷的抑制策略

4.4.1　弯曲角度补偿修正法

弯曲角度补偿修正法即通过补偿弯曲角度达到抑制回弹的目的,又称作工艺控制法。在工程应用领域,进行回弹角度补偿是解决管材绕弯角度回弹问题最有效的方法。然而管材绕弯过程中影响回弹的因素很多,同样的弯曲工艺参数可能得到不同的回弹量。因此,弯曲角度补偿策略应本着理论分析与工程实践相结合的原则进行。

进行回弹角度补偿前,需要建立回弹角度与弯曲角度之间的函数关系,如公式(4-85)所示。该函数关系可以通过塑性力学分析、数值模拟或试验等方法获得。

$$\Delta\theta = f(\theta) \qquad\qquad (4\text{-}85)$$

确定该函数关系后,可以进一步计算补偿后的弯曲角度:

$$\theta' = \zeta f(\theta_0) + \theta_0 \qquad\qquad (4\text{-}86)$$

式中,ζ 为回弹角度补偿系数(其值可能随弯曲角度发生变化),θ_0 可以被当作目标成形角度,θ' 为补偿后的弯曲工艺参数。

现有文献中,参考文献[49]详细介绍了弯曲角度回弹补偿系统的开发过程。回弹角度补偿系统的开发基于回弹数据库,数据库中存储着管材材料、截面尺寸、弯曲角度与回弹角度关系等内容。弯管加工时先在数据库中检索可用的历史数据,依照历史数据进行弯曲成形。若无可用的历史数据,则直接进行弯管试验,反复修正工艺参数直至获得满足精度要求的管件。试验结束后将工艺参数记录到数据库中以备后用。

4.4.2　模具型面补偿修正法

模具型面补偿修正法即通过修正模具型面达到抑制回弹的目的。在现有文献中,模具型面补偿修正法常用于板材批量加工领域,与工艺控制法相比,模具型面补偿修正法较为简单实用,且不至于使模具结构复杂化。当前,商用的板材加工数值模拟软件(如 DYNAFORM、PAM-STAMP 等)均提供了模具型面补偿修正功能。在管材绕弯成形领域,模具型面补偿修正法可以用来解决管材截面回弹问题和半径回弹问题。

4.5　本　章　小　结

本章阐述了现有文献中绕弯回弹分析模型和缺陷抑制方法的研究现状。在圆管绕弯回弹问题研究领域,本章依次介绍了理想弹塑性模型、弹塑性指数硬化模型、弹塑性线性硬化模型等。在数值模拟研究方面,本章介绍了圆管、矩形管和异形管的绕弯回弹数值模拟研究现状。此外,本章还总结了重要参数(几何参数、材料参数和工艺参数等)对管材绕弯回弹的影响规律。最后介绍了现有文献中解决回弹问题常用的方法:弯曲角度补偿修正法和模具型面补偿修正法。

第5章　管材绕弯截面畸变分析模型及缺陷抑制方法

5.1　管材绕弯过程中的截面畸变现象

5.1.1　圆管弯曲截面畸变特点

与板材弯曲不同,空心结构特点使得管材弯曲变形过程更加复杂。弯曲过程中受空心结构的影响,管材内、外侧材料所受切应力、拉应力与径向力的合力指向管材横截面中心,很容易导致横截面的椭圆化(又称扁平化)[50],如图 5-1 所示。此外,管材外侧在长度方向的应变伸长量大于管材内侧的,导致管材外侧壁厚值小于管材内侧的,最终导致内外圆心的偏心化。

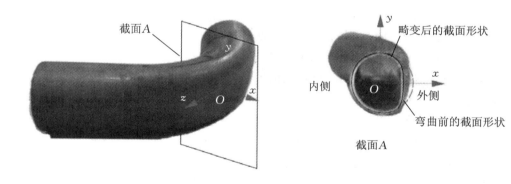

图 5-1　圆管弯曲横截面畸变

如图 5-2 所示,在管材外侧取一微元,该微元承受着切向拉应力 σ_x 和径向压应力 σ_y,处于相对平衡状态。由于切向变形量远大于径向变形量,微元沿厚度方向减薄并逐渐向弯曲中心移动,最终形成横截面外轮廓在 y 方向的曲率减小,即横截面外侧扁平化。

在管材内侧取一微元,该微元在变形初期承受着切向压应力 σ_x、径向压应力 σ_y 和弯曲模支撑载荷,压应力产生的合力与弯曲模支撑载荷相等,处于相对平衡状

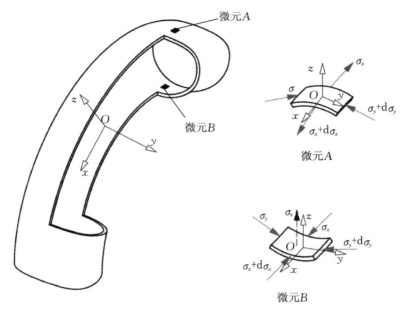

图 5-2　圆管弯曲横截面受力分析

态。切向压应力 σ_x 和径向压应力 σ_y 产生的合力方向相反,微元沿厚度方向增厚。同时,随着弯曲半径的减小,切向压应力 σ_x 继续增大,可能导致弯曲模支撑载荷减小,严重时微元与弯曲模内侧发生脱离,微元向弯曲中心移动,最终形成横截面内轮廓在 y 方向的曲率减小,即横截面内侧扁平化。

与横截面外侧扁平化相比,横截面内侧扁平化受到弯曲模型面限制,其畸变程度相对较轻。

截面畸变是管材绕弯成形过程中容易产生的缺陷之一,芯球个数、芯棒伸出量、摩擦系数、相对弯曲半径和管材材料等因素都会影响管材畸变程度。弯管截面形状的过度畸变可能引起横截面积的减小,导致油气传输时的流动阻力增大。同时,弯管截面形状的过度畸变也会影响弯管的强度、刚度等力学性能,降低管件工作的可靠性。

5.1.2　矩形管弯曲截面畸变特点

与圆管弯曲截面畸变特点不同,矩形管的截面畸变主要出现在三个区域(侧面、顶面和底面)[51]。如图 5-3 所示,在管材外侧取一微元,该微元承受着切向拉应力 σ_y 和截向压应力 σ_x。由切向拉应力 σ_y 产生的变形合力指向弯曲中心,而由截向压应力 σ_x 产生的变形合力与切向拉应力 σ_y 产生的变形合力相等,此时微元处于

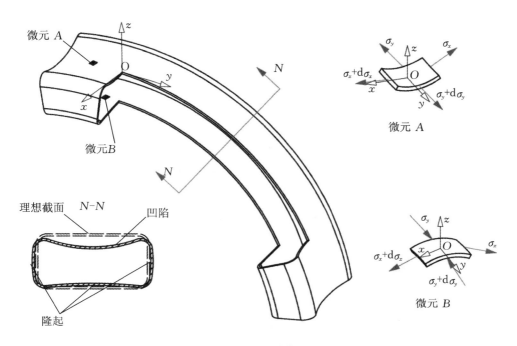

图 5-3　矩形管弯曲横截面畸变分析

平衡状态。当弯曲半径减小时,切向拉应力 σ_y 增大,导致截向压应力 σ_x 增大,最终使得微元发生马鞍形变形,在宏观上表现为管材顶面发生凹陷。在管材内侧取一微元,该微元承受着切向压应力 σ_y 和截向拉应力 σ_x。由切向压应力 σ_y 产生的变形合力指向弯曲中心,而由截向拉应力 σ_x 产生的变形合力与切向压应力 σ_y 产生的变形合力相等,此时微元处于平衡状态。当弯曲半径减小时,切向压应力 σ_y 增大,导致截向拉应力 σ_x 增大,最终使得微元发生同向双曲变形,在宏观上表现为管材底面发生隆起。

除顶面凹陷和底面隆起之外,矩形管横截面的侧面也会发生变形。由于管材顶面和底面均朝向截面中心产生塑性变形,管材侧面承受着一个指向截面中心的弯矩,最终导致管材侧面也发生隆起变形,如图 5-3 所示。

5.2　圆管绕弯截面畸变问题求解模型的研究现状

参考文献[52]和[53]给出了圆管绕弯截面畸变问题的力学分析模型,该模型的建立基于如下假设:①塑性变形时材料的体积保持不变,弯曲后管材横截面仍为平截面;②垂直于管材弯曲平面方向的材料变形很小,可认为材料处于 $\varepsilon_\varphi=0$ 的平面变形状态;③材料满足弹塑性线性强化模型,如公式(5-1)所示。

$$\bar{\sigma}=\begin{cases} E\,\bar{\varepsilon} & (\bar{\varepsilon}\leqslant\varepsilon_{\mathrm{S}}) \\ \sigma_{\mathrm{S}}+E_{\mathrm{p}}\bar{\varepsilon} & (\bar{\varepsilon}>\varepsilon_{\mathrm{S}}) \end{cases} \tag{5-1}$$

式中,σ_{S} 和 ε_{S} 分别为屈服应力和屈服应变,E_{p} 为塑性模量。

5.2.1 变形过程简化及应力应变求解

圆管弯曲受力变形分析如图 5-4 所示,在管材表面取一微元,切向应力、径向应力和周向应力分别用 σ_θ、σ_ρ 和 σ_φ 表示,切向应变、径向应变和周向应变分别用 ε_θ、ε_ρ 和 ε_φ 表示。

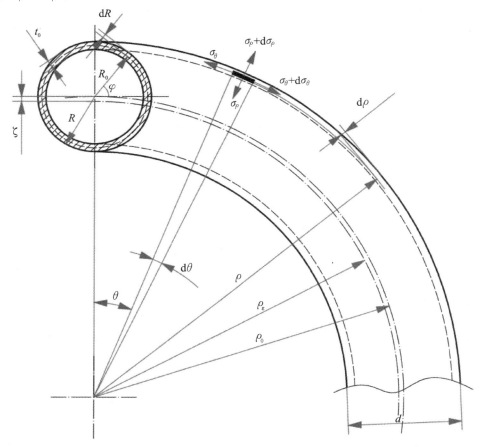

图 5-4   圆管弯曲受力变形分析

基于 St.Venant-Mises 应力应变关系式,可以得到

$$\sigma_\rho = \frac{\sigma_\theta + \sigma_\varphi}{2} \tag{5-2}$$

弯曲过程中的等效应力 $\bar{\sigma}$ 可以表示为

$$\bar{\sigma} = \frac{\sqrt{2}}{2}\sqrt{(\sigma_\theta - \sigma_\rho)^2 + (\sigma_\rho - \sigma_\varphi)^2 + (\sigma_\varphi - \sigma_\theta)^2} = \sqrt{3}\,|\sigma_\theta - \sigma_\rho| \tag{5-3}$$

基于平面应变假设和体积不变假设,可以得到

$$\begin{cases} \varepsilon_\rho = 0 \\ \varepsilon_\theta + \varepsilon_\varphi + \varepsilon_\rho = 0 \end{cases} \tag{5-4}$$

由此得等效应变 $\bar{\varepsilon}$ 的计算结果如下:

$$\bar{\varepsilon} = \frac{\sqrt{2}}{3}\sqrt{(\varepsilon_\theta - \varepsilon_\rho)^2 + (\varepsilon_\rho - \varepsilon_\varphi)^2 + (\varepsilon_\varphi - \varepsilon_\theta)^2} = \frac{2}{\sqrt{3}}\,|\varepsilon_\theta| \tag{5-5}$$

管材外侧的微元在弯曲过程中的平衡微分方程可以写作如下形式:

$$(\sigma_\rho + d\sigma_\rho)(\rho + d\rho)d\theta - \sigma_\rho \rho d\theta - 2\sigma_\rho d\rho \sin\frac{d\theta}{2} = 0 \tag{5-6}$$

由于 $d\theta$ 非常小,可以认为

$$\sin\frac{d\theta}{2} \approx \frac{d\theta}{2} \tag{5-7}$$

将公式(5-6)展开,约去 $d\theta$ 和高阶微量,可得

$$\sigma_\rho d\rho + \rho d\sigma_\rho - \sigma_\theta d\rho = 0 \tag{5-8}$$

进而可得

$$d\sigma_\rho = \frac{\sigma_\theta - \sigma_\rho}{\rho}d\rho \tag{5-9}$$

弯曲过程中管材截面上除承受弯曲应力外,还有可能承受轴向拉应力。假设轴向拉力为 F,弯曲过程中管材中性层向内偏移量为 ζ,则弯曲切向应变 ε_θ 可以表示为

$$\varepsilon_\theta = \varepsilon_F + \frac{R_0\sin\varphi + \zeta}{\rho_0 - \zeta} \tag{5-10}$$

当拉力 F 引起的应变 $\varepsilon_F \leqslant \varepsilon_s$ 时,将公式(5-3)、公式(5-5)和公式(5-10)代入公式(5-1),可以得到

$$\sigma_\theta - \sigma_\rho = \pm\frac{1}{\sqrt{3}}\sigma_s + \frac{2}{3}E_p\left(\frac{\sigma_F}{E} + \frac{R_0\sin\varphi + \zeta}{\rho_0 - \zeta}\right) \tag{5-11}$$

式中,当 $\rho > \rho_\varepsilon$ 时取"+",否则取"－"。

将公式(5-11)代入公式(5-9),可以得到

$$\mathrm{d}\sigma_\rho = \left[\pm \frac{1}{\sqrt{3}}\sigma_S + \frac{2}{3}E_p\left(\frac{\sigma_F}{E} + \frac{R_0\sin\varphi+\zeta}{\rho_0-\zeta} \right) \right]\frac{\mathrm{d}\rho}{\rho} \tag{5-12}$$

对公式(5-12)积分,可以得到

$$\sigma_\rho = \left[\pm \frac{1}{\sqrt{3}}\sigma_S + \frac{2}{3}E_p\left(\frac{\sigma_F}{E} + \frac{R_0\sin\varphi+\zeta}{\rho_0-\zeta} \right) \right]\ln\rho + C \tag{5-13}$$

式中,C 为积分常数。

忽略弯曲过程中管材截面尺寸变化,在管材内表面($\rho_i = \rho_0 - R$)和外表面($\rho_o = \rho_0 + R$)处的径向应力 $\sigma_\rho = 0$。依据该边界条件和公式(5-13),可进一步得到

$$\begin{cases} C_i = \left[\frac{1}{\sqrt{3}}\sigma_S - \frac{2}{3}E_p\left(\frac{\sigma_F}{E} + \frac{R_0\sin\varphi+\zeta}{\rho_0-\zeta} \right) \right]\ln\rho_i \\ C_o = \left[-\frac{1}{\sqrt{3}}\sigma_S - \frac{2}{3}E_p\left(\frac{\sigma_F}{E} + \frac{R_0\sin\varphi+\zeta}{\rho_0-\zeta} \right) \right]\ln\rho_o \end{cases} \tag{5-14}$$

将公式(5-14)代入公式(5-13),可以得到

$$\sigma_\rho = \left[\pm \frac{1}{\sqrt{3}}\sigma_S + \frac{2}{3}E_p\left(\frac{\sigma_F}{E} + \frac{R_0\sin\varphi+\zeta}{\rho_0-\zeta} \right) \right]\ln\frac{\rho}{\rho_0 \pm R} \tag{5-15}$$

将公式(5-2)、公式(5-11)和公式(5-15)联立,可以得到

$$\begin{cases} \sigma_\theta = \left[\pm \frac{1}{\sqrt{3}}\sigma_S + \frac{2}{3}E_p\left(\frac{\sigma_F}{E} + \frac{R_0\sin\varphi+\zeta}{\rho_0-\zeta} \right) \right]\left(\ln\frac{\rho}{\rho_0 \pm R_0} + 1 \right) \\ \sigma_\varphi = \left[\pm \frac{1}{\sqrt{3}}\sigma_S + \frac{2}{3}E_p\left(\frac{\sigma_F}{E} + \frac{R_0\sin\varphi+\zeta}{\rho_0-\zeta} \right) \right]\left(\ln\frac{\rho}{\rho_0 \pm R} - 1 \right) \end{cases} \tag{5-16}$$

在弯曲操作过程中,过大的切向拉伸变形和径向位移通常会导致管壁过度减薄或截面严重畸变。因此,管材截面的外侧变形区通常被认为是变形较大和成形性较差的区域。

假设等效应力沿管材长度方向均匀分布,忽略管材壁厚变化和横截面畸变,可以得到管材最外侧($\varphi = \pi/2$,$\rho = \rho_0 + R$,$\sigma_{\rho o} = 0$)的等效应力如下:

$$\bar{\sigma}_o = \sqrt{3}\sigma_{\theta o} = \sigma_S + \frac{2}{\sqrt{3}}E_p\left(\frac{\sigma_F}{E} + \frac{R+\zeta}{\rho_0-\zeta} \right) \tag{5-17}$$

5.2.2　横截面扁化畸变量的计算

管材内侧在弯曲过程中受到弯曲模型面的约束,其径向位移可以忽略不计。弯曲后管材外侧的截面形状如图 5-5 所示,取管壁上的一点 S 进行位移分析,点 S 向点 S' 移动,其位移可以分为周向位移 s_φ 和径向位移 s_r。点 S 处的周向应变 ε_φ 可以近似用公式(5-18)表示。

$$\varepsilon_\varphi = \frac{\widehat{\mathrm{d}s'}}{\widehat{bs}} \approx \frac{\overline{\mathrm{d}s'}}{\overline{bs}} = 1 - \frac{s_r}{R} - \frac{s_\varphi}{R}\tan\psi \tag{5-18}$$

式中,ψ 为点 S 处的周向角度,如图 5-5 所示。

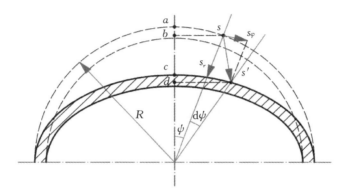

图 5-5　圆管截面外侧变形分析

从图 5-5 中可以看出,横截面畸变最严重处位于最上端($\psi=0$,$\varphi=\pi/2$,$s_\varphi=0$)。忽略壁厚变化,将公式(5-10)、公式(5-18)和 $\varepsilon_\theta=-\varepsilon_\varphi$ 联立,可以得到

$$s_{r\max} = R\left(1 - \frac{\sigma_F}{E} - \frac{R+\zeta}{\rho_0-\zeta}\right) \tag{5-19}$$

扭曲横截面小轴的变化率 η_s 通常被认为是表征横截面压扁严重程度的重要指标,其表达方式如下:

$$\eta_s = \frac{d_0 - d_{\min}}{d_0} \times 100\% \tag{5-20}$$

根据前述分析,径向应变 ε_θ 和周向应变 ε_φ 的计算方法如下:

$$\begin{cases} \varepsilon_\theta = \ln\dfrac{\rho}{\rho_\varepsilon} \\[2mm] \varepsilon_\varphi = \ln\dfrac{\overline{\mathrm{d}s'}}{\overline{bs}} = \ln\left(1 - \dfrac{s_r}{R} - \dfrac{s_\varphi}{R}\tan\psi\right) \end{cases} \tag{5-21}$$

由平面应变假设和体积不变假设可以得到

$$\ln \frac{\rho}{\rho_\varepsilon} = -\ln \left(1 - \frac{s_r}{R} - \frac{s_\varphi}{R}\tan\psi\right) \tag{5-22}$$

在管材截面最上端有边界条件 $\psi = 0$，$\varphi = \pi/2$ 和 $s_\varphi = 0$，进一步可以得到

$$\ln \frac{\rho_0 + (R - s_r)}{\rho_0} = \ln \frac{R}{R - s_r} \tag{5-23}$$

进一步可得

$$s_{r\max} = R\left[\left(1 + \frac{\rho_0}{d_0}\right) - \sqrt{\left(\frac{\rho_0}{d_0}\right)^2 + \frac{2\rho_0}{d_0}}\,\right] \tag{5-24}$$

将公式(5-24)代入公式(5-20)，可以得到

$$\eta_{s\max} = \frac{1}{2}\left[\left(1 + \frac{\rho_0}{d_0}\right) - \sqrt{\left(\frac{\rho_0}{d_0}\right)^2 + \frac{2\rho_0}{d_0}}\,\right] \tag{5-25}$$

值得说明的是，公式(5-25)中没有力学性能参数，在预测截面扁化畸变程度时其计算值仅能作为近似参考值。

5.2.3　横截面偏心化畸变量的计算

弯曲后管材外径短半轴长度的计算方法如下：

$$b_o = \frac{d_0 - s_{r\max}}{2} \tag{5-26}$$

设管材弯曲后横截面最外侧的减薄量和最内侧的增厚量分别为 Δt_o 和 Δt_i，则管材内径的短半轴长度计算方法如下：

$$b_i = \frac{d_0 - s_{r\max} - (\Delta t_o + \Delta t_i)}{2} \tag{5-27}$$

进而通过计算可以得到外径与内径半轴中心之间的距离，即由壁厚变化引起的横截面偏心量 δ。

$$\delta = b_o - (b_i + \Delta t_i) \tag{5-28}$$

将公式(5-26)、公式(5-27)代入公式(5-28)，可以得到

$$\delta = \frac{|\Delta t_o - \Delta t_i|}{2} \tag{5-29}$$

最外侧的减薄量 Δt_o 和最内侧的增厚量 Δt_i 的计算方法可以参阅本书7.2节，此处不再赘述。

参考文献[54]和[55]建立了圆管弯曲成形力学分析模型，对绕弯截面畸变缺陷变化规律做了分析。参考文献[56]和[57]构建了圆管绕弯成形数值模拟模型，针对不同材料和工艺参数深入分析了管材截面畸变规律。

5.3　矩形管绕弯截面畸变问题求解模型的研究现状

5.3.1　材料变形过程的简化

参考文献[57]给出了矩形管绕弯截面畸变问题的力学分析模型,该模型的建立基于如下假设:影响矩形管横截面畸变的模具主要是夹钳和芯球。如图 5-6 所示,横截面顶面的凹陷变形量 w 可以被分为两部分:①由芯球和管材侧面支撑载荷 q_c 所引起的变形量 w_{qc};②由夹钳上的弯曲力矩 M 所引起的变形量 w_M。w_{qc} 和 w_M 的方向相反,横截面顶面的凹陷变形量 w 为二者之差。

$$w = w_M - w_{qc} \tag{5-30}$$

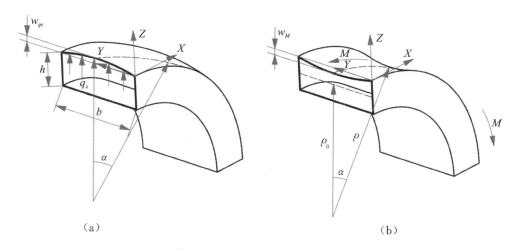

图 5-6　矩形管横截面变形分析

(a)由载荷 q_c 引起的变形;(b)由弯矩 M 引起的变形

5.3.2　外载荷的计算过程

在矩形管横截面外侧凹陷区域取一微元,微元受力如图 5-7 所示,包括弯曲方向上的应力 σ_α、截面宽度方向上的应力 σ_β 和半径方向上的应力 σ_r。微元的应力平衡方程如下:

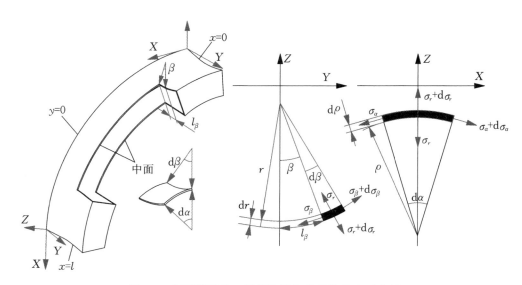

图 5-7　矩形管弯曲三维剖切图和外部单元变形分析

$$\begin{cases} [(\sigma_r+\mathrm{d}\sigma_r)(r+\mathrm{d}r)(\rho+\mathrm{d}\rho)\mathrm{d}\beta\mathrm{d}\alpha-\sigma_r r\rho\mathrm{d}\beta\mathrm{d}\alpha]\cos\beta- \\ [(\sigma_\beta+\mathrm{d}\sigma_\beta)(\rho+\mathrm{d}\rho)\mathrm{d}\alpha\mathrm{d}r-\sigma_\beta\rho\mathrm{d}r\mathrm{d}\alpha]\sin\beta-\sigma_a r\mathrm{d}r\mathrm{d}\alpha\mathrm{d}\beta=0 \\ [(\sigma_r+\mathrm{d}\sigma_r)(r+\mathrm{d}r)(\rho+\mathrm{d}\rho)\mathrm{d}\beta\mathrm{d}\alpha-\sigma_r r\rho\mathrm{d}\beta\mathrm{d}\alpha]\sin\beta+ \\ [(\sigma_\beta+\mathrm{d}\sigma_\beta)(\rho+\mathrm{d}\rho)\mathrm{d}r\mathrm{d}\alpha-\sigma_\beta\rho\mathrm{d}r\mathrm{d}\alpha]\cos\beta=0 \end{cases} \quad (5-31)$$

式中，α 表示弯曲参考截面到微元的角度，β 表示管材宽度中面到微元的角度，r 和 ρ 分别表示微元在宽度方向和弯曲方向上的半径，ρ 可近似用如下公式表示。

$$\rho\approx\rho_0+h/2 \quad (5-32)$$

式中，h 为管材横截面的高度，ρ_0 表示管材高度中面的弯曲半径。

对公式(5-31)进行简化，忽略高阶微量，可以得到

$$\rho\mathrm{d}\sigma_\beta+\sigma_\beta\mathrm{d}\rho=\mathrm{d}(\rho\sigma_\beta)=\sigma_a r\sin\beta\mathrm{d}\beta \quad (5-33)$$

弯曲过程中，忽略微元宽度的变化，可进一步得到

$$r\sin\beta\mathrm{d}\beta=\mathrm{d}l_\beta \quad (5-34)$$

式中，l_β 为角度 β 所对应的弧长。

将公式(5-34)代入公式(5-33)，可以得到

$$\mathrm{d}(\rho\sigma_\beta)=\sigma_a\mathrm{d}l_\beta \quad (5-35)$$

由于管材截面对称，宽度中面上的周向应力 σ_β 为 0。其边界条件可以写为：

$\beta=0$、$l_\beta=0$ 和 $\alpha_\beta=0$。对公式(5-35)进行积分,进而可以得到

$$\rho\sigma_\beta=\sigma_a l_\beta \tag{5-36}$$

为了简化分析,可以将微元近似为壳元,忽略微元厚度方向上的应力。进而可以依据 Tresca 屈服准则得到如下关系:

$$\sigma_a-\sigma_\beta=\sigma_S \tag{5-37}$$

式中,σ_S 为材料的屈服应力。

联立公式(5-36)和公式(5-37),可以进一步求解出 σ_a 和 σ_β。

$$\begin{cases}\sigma_a=\dfrac{\rho_0+h/2}{\rho_0+h/2-l_\beta}\sigma_S\\[3mm]\sigma_\beta=\dfrac{l_\beta}{\rho_0+h/2-l_\beta}\sigma_S\end{cases} \tag{5-38}$$

在弯曲过程中,管材和芯模产生局部接触,接触应力与外力之间的关系呈高度非线性关系,因此很难依据外力确定芯模与管材之间的接触载荷 q_c。在本模型中,近似用赫兹应力公式来计算 q_c,由此可得

$$q_c=\frac{2\pi L_c^2\sigma_a^2 C^2 R_c\rho}{(\rho-R_c)(C^2+l^2)}\left(\frac{1-\mu_c^2}{E_c}+\frac{1-\mu^2}{E}\right) \tag{5-39}$$

式中,μ 和 μ_c 分别为管材和芯模的泊松比,E 和 E_c 分别为管材和芯模的弹性模量,C 为芯模与管材之间的间隙,l 为管材外侧变形区的弧长,l_c 和 R_c 分别为芯模的长度和半径。

将芯模视为刚性部件,将芯模与管材之间的间隙 C 视为微量,公式(5-39)可进一步简化为如下形式:

$$q_c=\frac{2\pi L_c^2\sigma_a^2 C^2 R_c\rho(1-\mu^2)}{E(\rho-R_c)l^2} \tag{5-40}$$

根据虚功原理,可以确定作用在外法兰上的总弯矩 M,计算方式如下:

$$M=2\int_0^{b/2}\frac{\sigma_a th}{2}\mathrm{d}l_\beta=th(\rho_0+h/2)\ln\left(\frac{\rho_0+h/2}{\rho_0+h/2-b/2}\right)\sigma_S \tag{5-41}$$

式中,t 和 b 分别表示管材的厚度和截面宽度。

5.3.3　横截面外侧凹陷函数的求解

根据板壳理论[58,59],板材在受力时满足如下微分方程:

$$\frac{\partial^4 w}{\partial x^4}+2\frac{\partial^4 w}{\partial x^2\partial y^2}+\frac{\partial^4 w}{\partial y^4}=\frac{q}{D} \tag{5-42}$$

式中,w 为管材外侧凹陷区的变形量,q 和 D 分别为凹陷区的横向载荷和弯曲刚度。其中 D 的计算方法如下:

$$D = \frac{Et^3}{12(1-\mu^2)} \tag{5-43}$$

为了确定凹陷变形函数,首先通过求解微分方程得到通解,再结合边界条件,导出通解的系数。凹陷变形函数 w_{qc} 可以按照单三角级数分解为两部分,如公式(5-44)所示。

$$w_{qc} = \sum_m f_m(x)\sin\frac{m\pi y}{b} \tag{5-44}$$

而载荷 q_c 也可以按照单三角级数分解,如公式(5-45)所示。

$$q_c = \sum_m q_m(x)\sin\frac{m\pi y}{b} \tag{5-45}$$

进而可以得到

$$q_m(x) = \frac{2}{b}\int_0^b q_c\sin\frac{m\pi y}{b}dy = \frac{2q_c}{m\pi}(1-\cos m\pi) \tag{5-46}$$

公式(5-46)可以进一步简化为

$$q_m(x) = \begin{cases} \dfrac{4q_c}{m\pi} & (m=1,3,5,\cdots) \\ 0 & (m=2,4,6,\cdots) \end{cases} \tag{5-47}$$

将公式(5-44)和公式(5-46)代入公式(5-42),可得

$$f_m^{(4)}(x) - 2\left(\frac{m\pi}{b}\right)^2 f_m''(x) + \left(\frac{m\pi}{b}\right)^4 f_m(x) = \frac{q_m(x)}{D} \tag{5-48}$$

公式(5-48)的通解可以写作如下形式:

$$f_m(x) = A_m\text{ch}\frac{m\pi x}{b} + B_m\text{sh}\frac{m\pi x}{b} + C_m\frac{m\pi x}{b}\text{ch}\frac{m\pi x}{b} + D_m\frac{m\pi x}{b}\text{sh}\frac{m\pi x}{b}$$

$$\tag{5-49}$$

而 f^* 为公式(5-48)的一个特解,进而可得公式(5-48)的全解如公式(5-51)所示。

$$f^* = \frac{2q_cb^4}{D\pi^5m^5}(1-\cos m\pi) \tag{5-50}$$

$$f_m(x) = A_m\text{ch}\frac{m\pi x}{b} + B_m\text{sh}\frac{m\pi x}{b} + C_m\frac{m\pi x}{b}\text{ch}\frac{m\pi x}{b} + D_m\frac{m\pi x}{b}\text{sh}\frac{m\pi x}{b} + f^*$$

$$\tag{5-51}$$

假设在弯曲方向上凹陷区的两边线为简单支承,在宽度方向上凹陷区的两边线为固定形式,可以得到如下边界条件。

$$
\begin{cases}
x=0,l, & w_{qc}=0, & \dfrac{\partial w_{qc}}{\partial y}=0 \\[3mm]
& y=0,b, & w_{qc}=0
\end{cases}
\tag{5-52}
$$

式中,$x=\rho\alpha$,α 为弯曲参考截面到微元的角度。

将公式(5-52)代入公式(5-51),进而可以表示出公式(5-51)中的系数:

$$
\begin{cases}
A_m=-f^{*}, & B_m=\dfrac{\mathrm{ch}k_m-1}{\mathrm{sh}k_m+k_m}f^{*} \\[3mm]
C_m=-\dfrac{\mathrm{ch}k_m-1}{\mathrm{sh}k_m+k_m}f^{*}, & D_m=\dfrac{\mathrm{sh}k_m}{\mathrm{sh}k_m+k_m}f^{*}
\end{cases}
\tag{5-53}
$$

式中,$k_m=m\pi b/l$。

将公式(5-51)代入公式(5-46),便可以求得管材外侧的凹陷变形函数,如公式(5-54)所示。

$$
\begin{aligned}
w_{qc}(x,y)=\sum_{m=1}^{\infty}\Big(&-\mathrm{ch}\frac{m\pi x}{b}+\frac{\mathrm{ch}k_m-1}{\mathrm{sh}k_m+k_m}\mathrm{sh}\frac{m\pi x}{b}-\frac{\mathrm{ch}k_m-1}{\mathrm{sh}k_m+k_m}\frac{m\pi x}{b}\mathrm{ch}\frac{m\pi x}{b}\\
&+\frac{\mathrm{sh}k_m}{\mathrm{sh}k_m+k_m}\frac{m\pi x}{b}\mathrm{sh}\frac{m\pi x}{b}+1\Big)f^{*}\sin\frac{m\pi y}{b}
\end{aligned}
$$
$$
\tag{5-54}
$$

接着可以利用公式(5-42)求解由弯矩 M 引起的凹陷函数 w_M。变形区未施加其他载荷,因此公式(5-42)中的 $q=0$,进而可以将其简化为如下形式:

$$
\nabla^2\nabla^2 w_M=0
\tag{5-55}
$$

$w_M=0$ 为公式(5-55)的一个特解,其通解形式为

$$
w_M(x,y)=\sum_{n=1}^{\infty}\Big(a_n\,\mathrm{ch}\frac{n\pi x}{b}+b_n\,\mathrm{sh}\frac{n\pi x}{b}+c_n\frac{n\pi x}{b}\mathrm{ch}\frac{n\pi x}{b}+d_n\frac{n\pi x}{b}\mathrm{sh}\frac{n\pi x}{b}\Big)\sin\frac{n\pi y}{b}
$$
$$
\tag{5-56}
$$

对于由弯矩 M 引起的凹陷变形,其边界条件可以假设为四个边的简单支承,由此得到如下边界条件。

$$
\begin{cases}
x=0,l, & w_M=0, & D\dfrac{\partial^2 w_M}{\partial x^2}=M \\[3mm]
& y=0,b, & w_M=0
\end{cases}
\tag{5-57}
$$

将公式(5-57)代入公式(5-56),可以得到

$$
\begin{cases}
a_n = 0, \qquad b_n = \dfrac{\text{sh}\dfrac{n\pi l}{b} + 3\text{ch}\dfrac{n\pi l}{b} - 3}{\text{sh}\dfrac{n\pi l}{b}}\left(\dfrac{b}{\pi m}\right)^3 M \\[6mm]
c_n = \dfrac{1 - \text{ch}\dfrac{n\pi l}{b}}{\text{sh}\dfrac{n\pi l}{b}}\left(\dfrac{b}{\pi m}\right)^3 M, \qquad d_n = \dfrac{\text{ch}\dfrac{n\pi l}{b} - 1}{\dfrac{n\pi l}{b} - \text{sh}\dfrac{n\pi l}{b}}\left(\dfrac{b}{\pi m}\right)^3 M
\end{cases}
\tag{5-58}
$$

将公式(5-58)代入公式(5-56),可以得到 $w_M(x,y)$ 的表达式。将 $w_M(x,y)$ 与公式(5-54)所示的 $w_{qc}(x,y)$ 代入公式(5-30),进而可得凹陷变形函数 w。

$$
\begin{aligned}
w = \sum_{n=1}^{\infty} \Bigg(& \frac{\text{sh}\dfrac{n\pi l}{b} + 3\text{ch}\dfrac{n\pi l}{b} - 3}{\text{sh}\dfrac{n\pi l}{b}}\,\text{sh}\frac{n\pi x}{b} + \frac{1 - \text{ch}\dfrac{n\pi l}{b}}{\text{sh}\dfrac{n\pi l}{b}}\,\frac{n\pi x}{b}\text{ch}\frac{n\pi x}{b} + \frac{n\pi x}{b}\text{sh}\frac{n\pi x}{b} \\[4mm]
& \frac{\text{ch}\dfrac{n\pi l}{b} - 1}{\dfrac{n\pi l}{b} - \text{sh}\dfrac{n\pi l}{b}} \Bigg)\left(\frac{b}{\pi m}\right)^3 M\sin\frac{n\pi y}{b} - \sum_{m=1}^{\infty}\Bigg(-\text{ch}\frac{m\pi x}{b} + \frac{\text{ch}k_m - 1}{\text{sh}k_m + k_m}\text{sh}\frac{m\pi x}{b} - \\[4mm]
& \frac{\text{ch}k_m - 1}{\text{sh}k_m + k_m}\,\frac{m\pi x}{b}\text{ch}\frac{m\pi x}{b} + \frac{\text{sh}k_m}{\text{sh}k_m + k_m}\,\frac{m\pi x}{b}\text{sh}\frac{m\pi x}{b} + 1 \Bigg)f^*\sin\frac{m\pi y}{b}
\end{aligned}
\tag{5-59}
$$

5.4　其他异形管绕弯横截面畸变问题的研究现状

近些年,关于管材绕弯横截面畸变问题的研究逐渐深入化。异形管绕弯横截面畸变问题的研究成为其中的研究热点之一。例如,参考文献[60]至参考文献[65]通过数值模拟法研究了双脊矩形管材绕弯过程中横截面畸变问题,参考文献[66]和参考文献[67]研究了焊接矩形管材绕弯横截面畸变规律。

5.4.1　双脊矩形管绕弯成形横截面畸变问题

双脊矩形管材的弯曲方式有两种,如图 5-8 所示,沿弯曲横截面方向看,脊槽位于左右边上时称为 H 型弯曲,而脊槽位于上下边上时称为 E 型弯曲。H 型弯曲

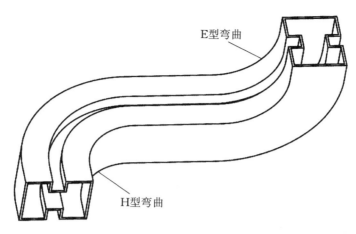

图 5-8 双脊矩形管弯曲示意图

和 E 型弯曲过程中所使用的模具结构具有较大差异,其横截面畸变规律也不一样。

参考文献[60]和参考文献[61]分别构建了 H 型和 E 型双脊矩形管绕弯成形数值模拟模型,其分析思路如下所述。

双脊矩形管材绕弯过程中,横截面畸变尺寸示意图如图 5-9 所示,管材横截面畸变程度可以用公式(5-60)来表示。

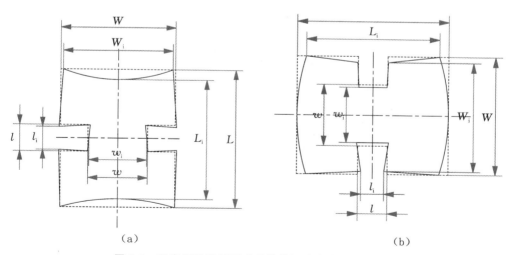

图 5-9 双脊矩形管绕弯成形横截面畸变的尺寸示意图

(a)H 型弯曲;(b)E 型弯曲

$$\begin{cases} \delta_L = \dfrac{L-L_i}{L} \times 100\% , \delta_l = \dfrac{l-l_i}{l} \times 100\% \\[3mm] \delta_w = \dfrac{W-W_i}{W} \times 100\% , \delta_w = \dfrac{w-w_i}{w} \times 100\% \\[3mm] (\delta_l)_{max} = \max(\delta_L , \delta_l) \\[2mm] (\delta_w)_{max} = \max(\delta_W , \delta_w) \\[2mm] \delta_{max} = \max[(\delta_l)_{max} , (\delta_w)_{max}] \end{cases} \quad (5\text{-}60)$$

对于 H 型弯曲来说,公式(5-60)中的 δ_L 和 δ_l 分别表示左右面和脊槽在高度方向上的畸变率,δ_w 和 δ_w 分别表示上下面和脊槽在宽度方向上的畸变率,$(\delta_l)_{max}$ 和 $(\delta_w)_{max}$ 分别表示高度和宽度方向上的最大畸变率,δ_{max} 为横截面的最大畸变率。

为了准确获得双脊矩形管绕弯过程中的横截面畸变规律,将弯曲变形区等分处理(如图 5-10 所示),等分角度为 20°,依次确定典型截面的位置 S_2、S_4、S_6 和 S_8。在弯曲截面的宽度和高度方向上,依次确定检测节点的位置,如图 5-11 所示。确定上述分析策略之后,便可以在 ABAQUS 有限元软件中构建绕弯过程数值模拟模型。

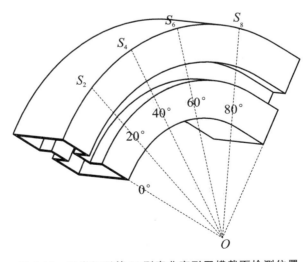

图 5-10 双脊矩形管 H 型弯曲变形区横截面检测位置

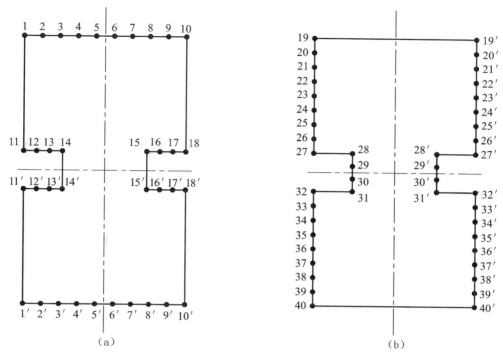

图 5-11　双脊矩形管 H 型弯曲成形横截面内的畸变检测点位置

(a)宽度方向；(b)高度方向

5.4.2　焊接矩形管材绕弯横截面畸变问题

参考文献[66]和参考文献[67]针对焊接矩形管绕弯过程中的横截面畸变问题构建了数值模拟模型,将焊接矩形管材横截面划分成多个区域,对这些区域施加不同的材料模型来分析横截面畸变规律。

参考文献[66]以高强钢 QSTE700 材料为分析对象,基于五种不同的本构关系模型建立焊接矩形管绕弯成形分析数值模拟模型。基于上述有限元模型,作者研究了本构关系对焊接矩形管绕弯横截面畸变的影响规律,研究思路如下所述。

作者以横截面尺寸为 50 mm×40 mm×2.0 mm（长×宽×厚）的焊接矩形管为例,在管材上的不同位置制作三种单向拉伸试件,如图 5-12 所示。通过单向拉伸试验获得焊接矩形管不同区域的应力应变曲线,采用 Hollomon 模型来描述应力应变规律,进而获得力学性能参数,如表 5-1 所示。

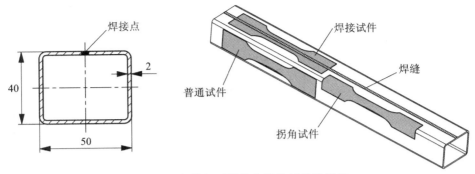

图 5-12　焊接矩形管单向拉伸试件的制作

表 5-1　焊接矩形管不同区域的力学性能参数

试　　件	弹性模量 E/GPa	屈服应力 σ_s/MPa	强度系数 K/MPa	硬化指数 n	泊松比 μ	伸长率 $\delta(\%)$
普通试件	205.6	761.5	968.5	0.047	0.27	20.2
焊接试件	216.8	803.1	975.5	0.038	12.5	0.28
拐角试件	202.5	775.6	971.6	0.044	15.8	0.27

　　焊接区域范围可以通过显微硬度分布来确定,将焊接试件置于 HX-1000 显微硬度测试仪上,测试不同点的显微硬度值,然后取沿焊缝方向的五个点的平均显微硬度值为距离焊缝线不同距离的点的显微硬度,如图 5-13 所示。可以看出,显微硬度从焊缝中心线到母线有一个持续的变化。

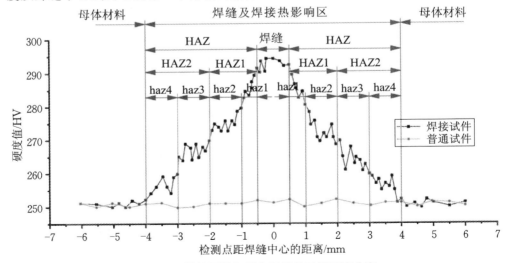

图 5-13　焊接区域和母体材料的显微硬度分布

参考文献[66]建立了五种不同的本构关系模型来描述焊接矩形管的力学性能,这五种模型的描述如表 5-2 所示。在这五种本构关系模型的基础上,可以在 ABAQUS 软件中分别建立绕弯过程数值模拟模型。

表 5-2　五种不同的本构关系模型

本构关系模型	材料性能描述
混合模型	认为混合焊缝试样的焊缝区和部分母材的力学性能是一致的。对焊缝区和母体赋予相同材料属性
均匀模型	将焊缝区分离出来,认为焊缝区为均质材料。对焊缝区和母体赋予不同材料属性
W1H 模型	焊缝区可以细分为焊缝和热影响区(HAZ)。对焊缝、热影响区和母体赋予不同的材料属性
W2H 模型	在 W1H 模型的基础上,将热影响区进一步细分为两个热影响区(HAZ1 和 HAZ2),赋予不同的材料属性
W4H 模型	在 W1H 模型的基础上,将热影响区进一步细分为四个热影响区(haz1、haz2、haz3 和 haz4),赋予不同的材料属性

为了提高管材绕弯横截面变形的预测精度,需要选择合适的屈服准则来描述焊接矩形管的各向异性特征。参考文献[67]在均匀模型的基础上研究了不同各向异性屈服准则条件下焊接矩形管横截面的畸变规律。在与管材拉拔方向成 0°、45° 和 90°角方向上分别制备试件,测定材料的各向异性指数 r 的值,获得母材和焊缝区在 Hill48 和 Barlat89 屈服准则中的各向异性参数。在此基础上,建立不同屈服准则下焊接矩形管绕弯的有限元模型。

5.5　管材绕弯成形截面畸变规律

5.5.1　圆管绕弯横截面畸变规律

参考文献[53]以 1Cr18Ni9Ti 管材为研究对象,建立了圆管横截面短轴畸变率与相对弯曲半径之间的关系,如图 5-14 所示。随着相对弯曲半径的增大,管材横截

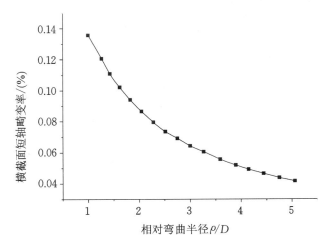

图 5-14　圆管横截面短轴畸变率与相对弯曲半径的关系

面短轴畸变率呈下降趋势,该规律与参考文献[54]中的研究结论相一致。

参考文献[53]还构建了圆管绕弯成形数值模拟模型,通过数值模拟发现圆管横截面短轴畸变率与轴向角度之间存在图 5-15 所示关系,横截面短轴畸变率先随着轴向角度的增大逐渐增大,达到一定程度后基本保持不变,最后随着轴向角度的增大逐渐减小。该规律与参考文献[56]中的分析结果相一致。

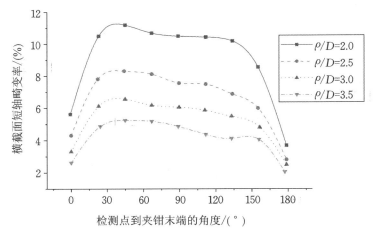

图 5-15　圆管横截面短轴畸变率与轴向角度之间的关系

参考文献[56]通过构建圆管绕弯成形数值模拟模型研究了芯棒类型、尺寸和伸出量对圆管横截面短轴畸变率的影响规律。如图 5-16、图 5-17 和图 5-18 所示，无芯棒弯曲时的横截面短轴畸变比有芯棒时的更加严重，采用圆头型芯棒时的横截面短轴畸变率比采用圆柱型芯棒时的更小。当芯棒直径减小时，芯棒与管材之间的间隙增大，管材横截面短轴畸变率也随之增大。芯棒伸出量 e 对管材横截面短轴畸变率的影响也比较大，当芯棒伸出量增大时，管材横截面短轴畸变率随之减小。

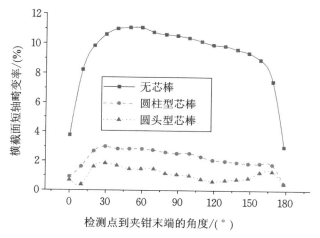

图 5-16　圆管横截面短轴畸变率受芯棒类型的影响规律

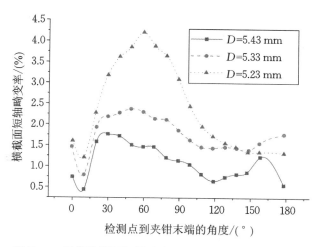

图 5-17　圆管横截面短轴畸变率受芯棒直径的影响规律

117

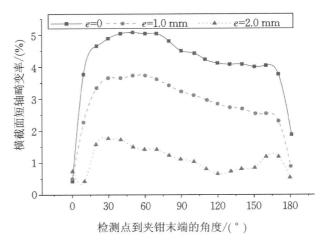

图 5-18　圆管横截面短轴畸变率受芯棒伸出量的影响规律

5.5.2　矩形管绕弯横截面畸变规律

参考文献［57］通过构建弯曲力学模型分析了矩形管外侧凹陷量与轴向角度之间的关系,从图 5-19 中可以看出,矩形管外侧凹陷量随着轴向角度的增加先增大再减小,其最大值出现在弯曲角度的中线处,该趋势与参考文献［24］［51］和［68］提供的数值模拟结果相一致。

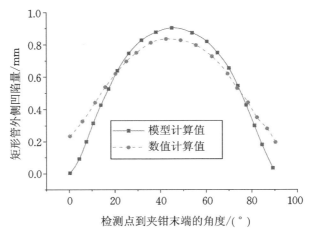

图 5-19　矩形管外侧凹陷量与轴向角度之间的关系

参考文献［24］通过构建绕弯成形数值模拟模型研究了模具间隙对矩形管绕弯

成形横截面高度方向畸变量的影响规律。图 5-20 所示为压紧模与管材之间间隙对管材横截面高度方向畸变量的影响规律,可以看出不同间隙下横截面变形的分布特征非常相似。最大横截面变形的截面位置随着间隙 ΔC_p 的增大而沿着管略微向后移动。也就是说,当间隙 ΔC_p 增大时,最大横截面变形和弯曲基准面的截面之间的角度明显大于 50°。图 5-21 所示为芯棒与管材之间间隙对管材横截面高度方向畸变量的影响规律,随着间隙 ΔC_m 的增大,截面畸变沿管壁分布出现明显的波动现象,而最大截面畸变的截面位置并没有随着间隙 ΔC_m 的增大而改变。图 5-22 所示为防皱模与管材之间间隙对管材横截面高度方向畸变量的影响规律,沿着具有

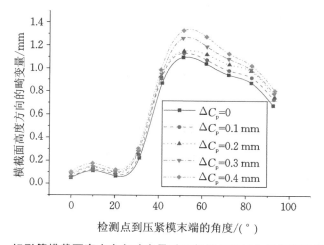

图 5-20　矩形管横截面高度方向畸变量受压紧模与管材之间间隙的影响规律

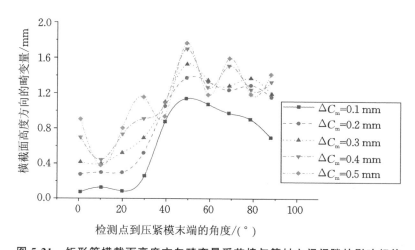

图 5-21　矩形管横截面高度方向畸变量受芯棒与管材之间间隙的影响规律

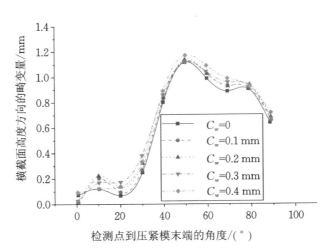

图 5-22 矩形管横截面高度方向畸变量受防皱模间隙与管材之间的影响规律

不同间隙 ΔC_w 的管的横截面变形分布曲线几乎相同。最大横截面变形的截面位置不会随着间隙 ΔC_w 的变化而改变，仍然位于与压紧模末端成 50° 角处。图 5-23 所示为弯曲模与管材之间间隙对管材横截面高度方向畸变量的影响规律，当检测点到压紧模末端的角度大于 50° 时，横截面畸变分布趋势的差异较大，随着间隙 ΔC_b 的增大，横截面畸变量有增大趋势。横截面畸变最严重的位置逐渐向夹钳方向移动。综上所述，最大横截面变形在距离压紧模末端成 50° 角的位置，其位置几乎不随模具与管材之间间隙的变化而变化。

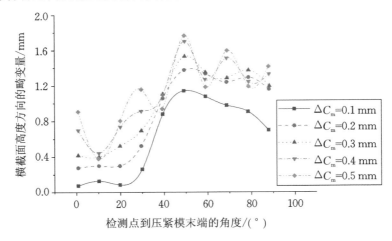

图 5-23 矩形管横截面高度方向畸变量受弯曲模与管材之间间隙的影响规律

参考文献[51]通过构建数值模拟模型研究了夹钳载荷、芯棒与管材摩擦系数对矩形管绕弯横截面畸变率的影响规律,如图 5-24 和图 5-25 所示。随着夹钳载荷的增大,管材横截面畸变率有减小的趋势,该趋势与参考文献[68]的结果相一致。而随着芯棒与管材摩擦系数的增大,管材横截面畸变率有所增大,在距离夹钳角度小于 60°范围之内其畸变率尤为突出。

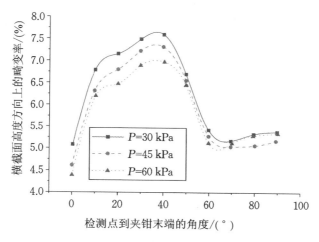

图 5-24　矩形管横截面高度方向畸变率受夹钳载荷的影响规律

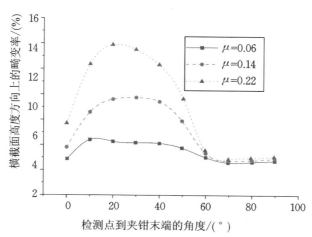

图 5-25　矩形管横截面高度方向畸变率受芯棒与管材摩擦系数的影响规律

-</br>

参考文献[68]通过构建数值模拟模型研究了弯曲半径、弯曲速度、芯球数量和助推速度对矩形管材绕弯成形横截面畸变程度的影响规律,如图 5-26、图 5-27、图 5-28 和图 5-29 所示。随着弯曲半径的增大,管材横截面畸变程度有所下降,而随着弯曲速度的增大,管材横截面畸变程度有所上升。芯球数量对管材横截面畸变程度的影响非常大,无芯球时管材横截面最大畸变率可达 50% 以上,随着芯球数量的增加,管材横截面最大畸变率急剧下降。压紧模助推速度对管材横截面畸变也有影响,随着助推速度的增大,管材横截面畸变程度有减小的趋势。

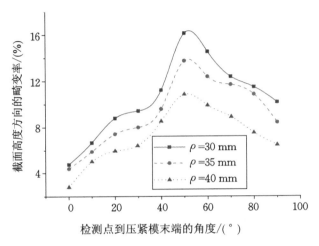

图 5-26　矩形管截面高度方向畸变率受弯曲半径的影响规律

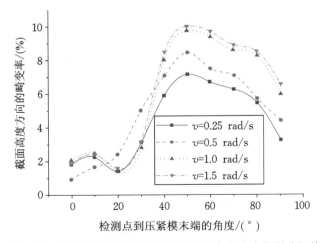

图 5-27　矩形管截面高度方向畸变率受弯曲速度的影响规律

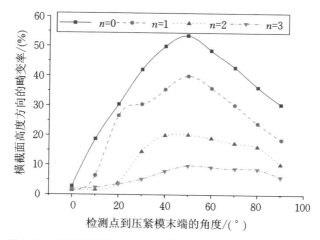

图 5-28 矩形管截面高度方向畸变率受芯球数量的影响规律

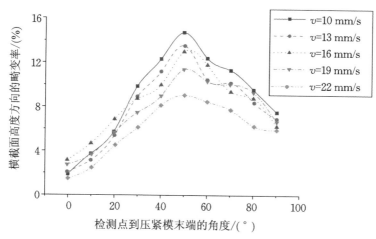

图 5-29 矩形管截面高度方向畸变率受助推速度的影响规律

参考文献[69]通过构建数值模拟模型研究了材料参数对矩形管材绕弯成形横截面畸变程度的影响规律。作者采用了两种 H96 黄铜合金管材（材料 A：$E=92.81\text{ GPa}$，$K=705.6\text{ MPa}$，$\sigma_{\text{S}}=56\text{ MPa}$，$n=0.5$，$r=1.05$；材料 B：$E=111.37\text{ GPa}$，$K=470.4\text{ MPa}$，$\sigma_{\text{S}}=70\text{ MPa}$，$n=0.43$，$r=0.84$）作为模拟对象，分别研究了弹性模量 E、硬化指数 n、强度系数 K、屈服应力 σ_{S} 和各向异性指数 r 对绕弯成形横截面畸变程度的影响。如图 5-30 至图 5-34 所示，随着弹性模量 E 和硬化指数 n 的增大，横截面畸变量呈下降趋势。而随着强度系数 K、屈服应力 σ_{S} 和各向异性指数 r 的增大，横截面畸变量有所增大。

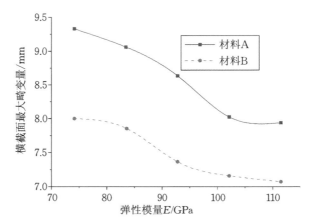

图 5-30 矩形管截面高度方向畸变量受弹性模量的影响规律

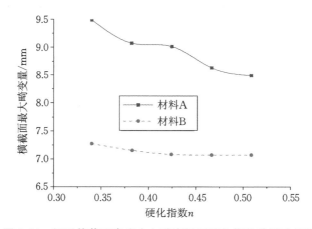

图 5-31 矩形管截面高度方向畸变量受硬化指数的影响规律

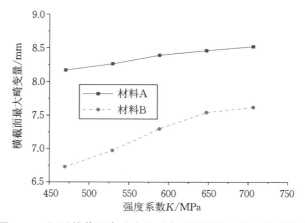

图 5-32 矩形管截面高度方向畸变量受强度系数的影响规律

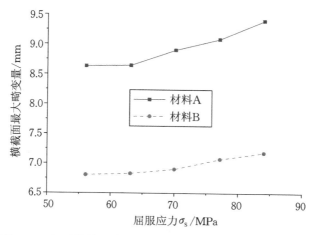

图 5-33　矩形管截面高度方向畸变率受屈服应力的影响规律

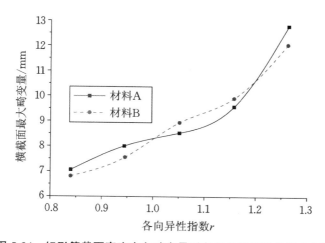

图 5-34　矩形管截面高度方向畸变量受各向异性指数的影响规律

　　参考文献[70]通过构建数值模拟模型研究了 3A21 铝合金和 H96 黄铜合金矩形管材在绕弯过程中的横截面畸变规律。如图 5-35 所示,在弯曲后的芯棒支撑区域,两种管材的横截面畸变率非常接近且畸变率较小。在与芯棒支撑区域相连的过渡区域,横截面畸变率迅速增大且铝合金 3A21 材料的畸变率增大速率更快。在无芯棒支撑区域,铝合金 3A21 和黄铜合金 H96 材料的畸变峰值分别出现在 50°和 80°附近。在抽芯后的芯棒支撑区域,管材横截面畸变率迅速变大且铝合金 3A21 材料的畸变率大于黄铜合金 H96 材料的畸变率。但是在抽芯后的无芯棒支撑区

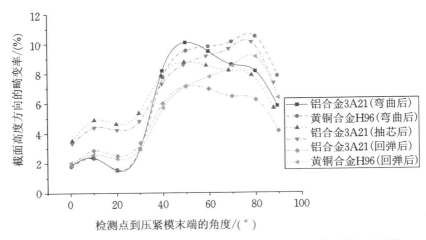

图 5-35　矩形管截面高度方向畸变率在弯曲、抽芯和回弹后的分布规律

域,管材横截面畸变率有所减小且铝合金 3A21 材料的畸变率减小程度更为明显。管材回弹后横截面畸变率与抽芯后相比迅速减小,但是在芯棒支撑区域内横截面畸变率仍然大于抽芯前。结合图 5-30 到图 5-35 所示的这些规律,可以看出材料参数对矩形管材绕弯横截面畸变程度的影响确实比较大,而现有文献对该方面的研究仍然不足,若要精确预测绕弯后管材的畸变率,还需要针对具体材料做更深入的研究。

除上述文献之外,研究管材横截面畸变规律的学术资料还有很多。例如,参考文献[71]通过剖分矩形管截面研究了内外侧法兰和左右侧板在矩形管绕弯过程中的变形规律。其研究结论如下:①研究了在宽度和高度方向上的横截面畸变特征。结果表明,高度方向上的截面变形是影响成形质量的主要参数。②研究了矩形管的板组合效应。结果表明,在其他板的约束条件下,各板的变形都会较大。而外法兰的凹面距离是引起横截面变形的主要问题。参考文献[72]通过构建数值模拟模型研究了不同模具组合条件下矩形管材绕弯横截面畸变的规律。其研究结果表明,只要绕弯过程中存在芯棒,无论何种组合,芯棒支撑区域的截面变形几乎相同,比无芯棒支撑区域小得多。

5.5.3　其他异形管绕弯横截面畸变规律

参考文献[60]和参考文献[61]以黄铜合金 H96 双脊矩形管($H = 20.83$

$\mathrm{mm}, B = 10.69\ \mathrm{mm}, h = 1.85\ \mathrm{mm}, b = 5.11\ \mathrm{mm}, t = 1.27\ \mathrm{mm})$ 为例,构建 H 型、E 型绕弯成形过程数值模拟模型。数值模拟模型中采用的模具结构如图 5-36、图 5-37 所示。

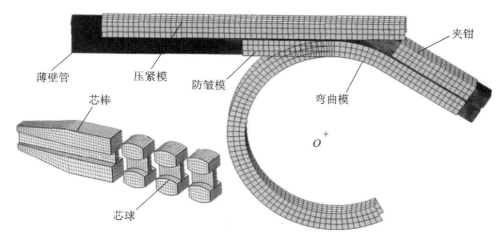

图 5-36　双脊矩形管 H 型绕弯成形数值模拟模型模具结构

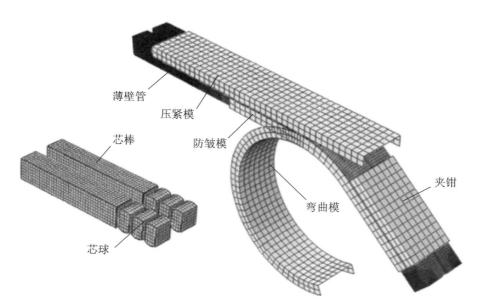

图 5-37　双脊矩形管 E 型绕弯成形数值模拟模型模具结构

图 5-38 显示了双脊矩形管 H 型绕弯时在尺寸 L 方向上的横截面畸变率分布情况。从图中可以看出,不同位置处横截面的畸变率不一样,上表面的畸变率由小到大排列的顺序为 $S_2 < S_4 < S_6 < S_8$(距离压紧模呈 80°处的横截面上畸变率最大),而脊槽部分的畸变率从小到大排列顺序为:$S_8 < S_2 < S_4 < S_6$。上表面的畸变率表现为中间大、两头小,最大畸变率接近 2.5%。而脊槽部分的畸变率表现为中间小、两头大,最大畸变率达到 12% 以上。总体而言,脊槽部分的畸变率远远大于上表面的畸变率。

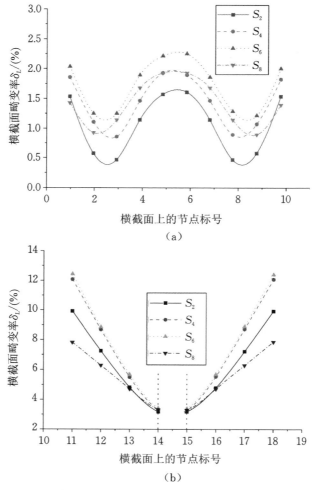

图 5-38 双脊矩形管 H 型绕弯成形在尺寸 L 方向上畸变率的分布

(a)上表面部分;(b)脊槽部分

图 5-39 显示了双脊矩形管 H 型绕弯时在尺寸 W 方向上的横截面畸变率分布情况。在整个区域内,畸变率由小到大排列的顺序为 $S_2 < S_4 < S_6 < S_8$,越靠近中性面的位置畸变率越大,中性面上侧的畸变率略大于中性面下侧的畸变率,脊槽部分的上侧畸变率要大于中性面上下两侧的畸变率,且越靠上畸变率越大(最大值接近 16%)。相对来说,中性面下侧畸变率较小,其最大值为 2.0% 左右。

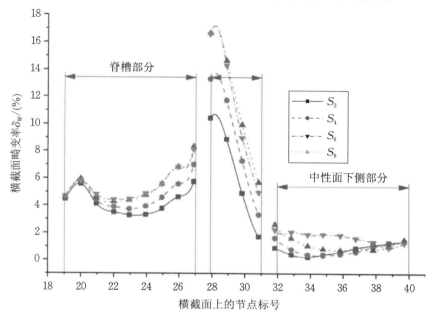

图 5-39　双脊矩形管 H 型绕弯成形在尺寸 W 方向上畸变率的分布

参考文献[61]还研究了芯模类型对双脊矩形管绕弯在尺寸 L 方向上的横截面畸变的影响规律。如图 5-40 所示,采用刚性芯模时,畸变率随着检测点所处角度值的增大逐渐增大,畸变最严重的横截面位于距离压紧模呈 80° 处。采用 PVC 芯模时,由 H 型绕弯测得的数据显示,畸变率随着检测点所处角度值的增大逐渐减小,但是由 E 型绕弯测得的数据显示,畸变率随着检测点所处角度值的增大先减小后增大。总体来说,采用刚性芯模时横截面畸变率要远远大于采用 PVC 芯模时的畸变率,其最大值达到 7.0%。H 型绕弯时的横截面畸变率要大于 E 型绕弯时的畸变率。

图 5-41 所示为双脊矩形管 E 型绕弯成形在尺寸 W 方向上畸变率的分布。从图中可以看出,采用刚性芯模时的畸变率要远远大于采用 PVC 芯模时的畸变。采用刚性芯模时横截面 S_4 的畸变率远远大于横截面 S_2 的畸变率,但在采用 PVC 芯模时表现得并不明显。采用刚性芯模时脊槽部分的畸变率远远大于其他区域的

畸变率,但在采用 PVC 芯模时同样表现得不明显。

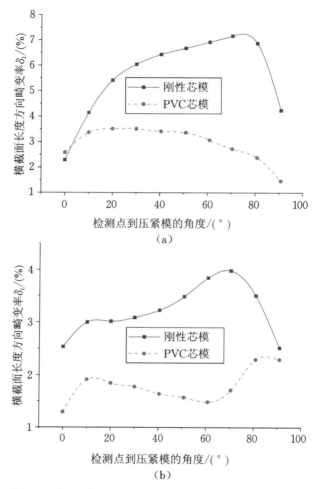

（a）

（b）

图 5-40　采用不同芯模时双脊矩形管绕弯成形在尺寸 *L* 方向上畸变率的分布

（a）H 型绕弯；（b）E 型绕弯

　　图 5-42 所示为双脊矩形管 E 型绕弯成形在尺寸 *L* 方向上畸变率的分布。从图中可以看出,在弯曲中性面的外侧,表面部分越靠近中性面的位置横截面畸变率越小,在中性面内侧的畸变率均比较小。采用刚性芯模时的畸变率大于采用 PVC 芯模时的畸变率。在脊槽部分,弯曲中性面外侧的畸变率为负值,内侧畸变率为正值,说明变形后外侧尺寸变大而内侧尺寸减小。在中性面外侧,采用刚性芯模时的畸变率同样大于采用 PVC 芯模时的畸变率,但是在中性面内侧表现得不明显。整体来

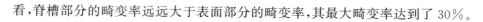

看,脊槽部分的畸变率远远大于表面部分的畸变率,其最大畸变率达到了 30%。

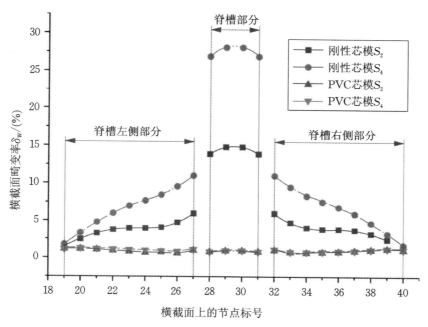

图 5-41　双脊矩形管 E 型绕弯成形在尺寸 W 方向上畸变率的分布

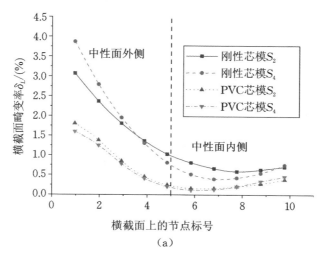

（a）

图 5-42　双脊矩形管 E 型绕弯成形在尺寸 L 方向上畸变率的分布

（a）表面部分；（b）脊槽部分

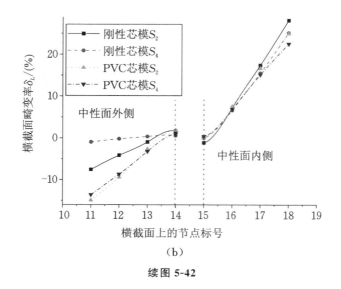

（b）

续图 5-42

图 5-43 所示为双脊矩形管 H 型绕弯成形在尺寸 W 方向上畸变率的分布。从图中可看出，采用刚性芯模时的畸变率要大于采用 PVC 芯模时的畸变率。采用刚

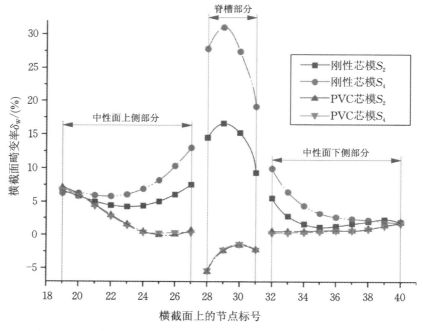

图 5-43　双脊矩形管 H 型绕弯成形在尺寸 W 方向上畸变率的分布

性芯模时,越靠近中性面畸变率越大,脊槽部分的畸变率远远大于其他区域的畸变率,其最大值达到 30%。采用 PVC 芯模时,中性面最上侧的畸变率最大,其值达到 7.5%,靠近中性面时畸变率减小。在脊槽区域畸变率为负值,这说明该区域变形后尺寸变大。

图 5-44 所示为双脊矩形管 H 型绕弯成形在尺寸 L 方向上畸变率的分布。从图中可看出,采用刚性芯模时的畸变率要大于采用 PVC 芯模时的畸变率。在脊槽区域,采用刚性芯模时的最大畸变率达到 40%,而采用 PVC 芯模时的最大畸变率为 12%。

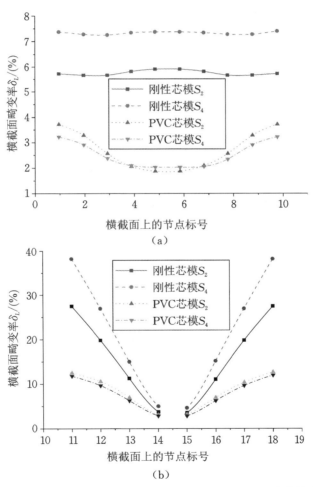

图 5-44　双脊矩形管 H 型绕弯成形在尺寸 L 方向上畸变率的分布

(a)表面部分;(b)脊槽部分

双脊矩形管在 H 型绕弯和 E 型绕弯时表现出不同的横截面畸变规律。综上所述,规律如下:

(1)在采用刚性芯模进行 H 型绕弯时,尺寸 L 方向上的畸变率与横截面位置有关,不同位置的畸变率也不同。在单一横截面上,上表面的畸变率表现为中间大、两头小,而脊槽部分的畸变率表现为中间小、两头大。采用 PVC 芯模时的横截面畸变率要远远小于采用刚性芯模时的畸变率。采用 PVC 芯模时,尺寸 L 方向上的畸变率表现为中间小、两头大,弯曲变形区不同横截面上畸变率的差异并不明显。

(2)在采用刚性芯模进行 H 型绕弯时,尺寸 W 方向上的畸变率也与横截面位置有关,不同位置的畸变率也不同。在单一横截面上中性面以上区域的畸变率大于中性面以下区域的畸变率,越靠近脊槽部分畸变率越大,脊槽部分的畸变率要远远大于其他区域的畸变率。采用 PVC 芯模时,横截面的畸变率相对较小,且不同截面上畸变率的差异不明显。采用 PVC 芯模时,脊槽区域的畸变方向与采用刚性芯模时的畸变方向相反。

(3)采用刚性芯模进行 E 型绕弯时,在尺寸 L 方向上,中性面外侧表面部分的畸变率大于中性面内侧的畸变率,畸变最严重的位置是表面最外端。在脊槽部分,越靠近中性面,畸变率越小。中性面外侧的畸变率为负值,说明变形后该区域尺寸变大。采用刚性芯模时的畸变率要远远大于采用 PVC 芯模时的畸变率。

(4)采用刚性芯模进行 E 型绕弯时,在尺寸 W 方向上,越靠近脊槽区域畸变率越大,脊槽部分的畸变率远远大于其他区域的畸变率,但是在采用 PVC 芯模时,该现象表现得并不明显。采用刚性芯模时的畸变率要远远大于采用 PVC 芯模时的畸变率。

参考文献[66]和参考文献[67]以高强钢 QSTE700 材料为分析对象研究了焊接矩形管绕弯过程中的横截面畸变规律。其中,参考文献[66]研究了五种本构关系对焊接矩形管绕弯横截面畸变的影响规律。

按照图 5-45 所示节点编号方式来分析横截面畸变率。图 5-46 所示为不同本构模型下焊接矩形管绕弯高度方向的畸变规律,畸变率最大值出现在管材对称面上,畸变率从小到大排列顺序为混合模型<均匀模型<W1H 模型<W2H 模型<W4H 模型<试验值,随着模型的细化,数值模拟模型对横截面畸变的预测精度有所提高。图 5-47 所示为不同本构模型下焊接矩形管绕弯高度方向的畸变率与检测角度的关系,当检测点距离压紧模较近时,横截面畸变率比较小,原因是该处始终

由芯球支承管材内表面。距离压紧模较远的位置横截面畸变率较大,原因是该处已经与芯球发生脱离,其内壁处于悬空状态。在悬空区域,畸变率从小到大排列顺序为混合模型<均匀模型<W1H 模型<W2H 模型<W4H 模型<试验值,随着模型的细化,数值模拟模型对横截面畸变的预测精度有所提高。

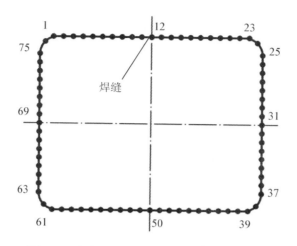

图 5-45　焊接矩形管绕弯成形横截面节点编号

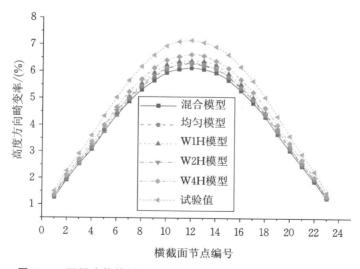

图 5-46　不同本构模型下焊接矩形管绕弯高度方向的畸变规律

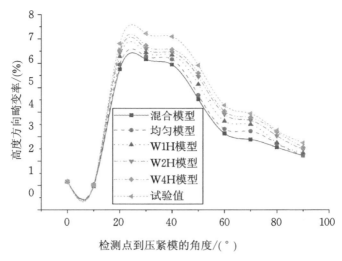

图 5-47 不同本构模型下焊接矩形管绕弯高度方向的畸变率与检测角度的关系

图 5-48 所示为不同本构模型条件下焊接矩形管绕弯宽度方向的畸变规律。从图中可以看出,中性面外侧与中性面内侧畸变方向正好相反,距离中性面越远的位置横截面畸变率越大。宽度方向上畸变率从小到大排列顺序为混合模型＜均匀模型＜W1H 模型＜W2H 模型＜W4H 模型＜试验值,随着模型的细化,数值模拟模型对横截面畸变的预测精度有所提高。

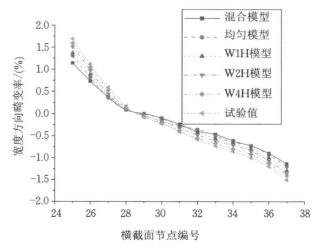

图 5-48 不同本构模型下焊接矩形管绕弯宽度方向的畸变规律

参考文献[67]研究了各向异性屈服准则对焊接矩形管绕弯横截面畸变的影响规律。图 5-49、图 5-50 和图 5-51 所示为不同屈服准则条件下焊接矩形管绕弯成形规律，从图中可以看出，Barlat89 屈服准则条件下对横截面畸变的预测结果要小于 Hill48 屈服准则条件下的预测结果，Mises 屈服准则条件下的预测结果最小。

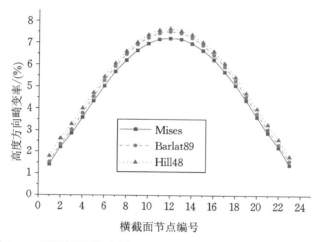

图 5-49　不同屈服准则对焊接矩形管绕弯高度方向畸变率的影响

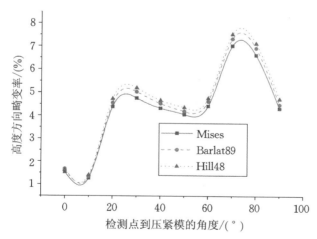

图 5-50　不同屈服准则下焊接矩形管绕弯高度方向的畸变率与检测角度的关系

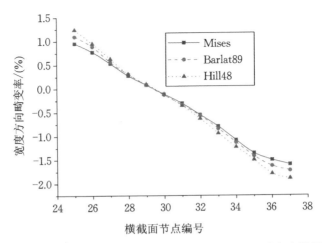

图 5-51　不同屈服准则对焊接矩形管绕弯宽度方向畸变率的影响

5.6　管材绕弯截面畸变缺陷的抑制策略

5.6.1　优化芯棒结构来抑制横截面畸变

对于圆管来说,其横截面畸变主要表现为短轴的扁平化。总结前述规律,可以发现对绕弯成形横截面畸变影响最大的因素为管材内侧的芯棒模具。

在芯棒支撑区域,管材横截面畸变率会明显减小,前述数值模拟结果显示(如图 5-28 所示),当芯球个数 $n=3$ 时横截面的最大畸变率不超过 8.0%,其值远远小于无芯棒支撑时的最大畸变率,因此可以考虑适当增加芯球数量来减小横截面畸变。

图 5-52 所示为不同芯球数量时的数值模拟结果,当芯球数量增加时管材弯曲时较长的悬空区域被划分为若干较短的悬空区域,这将有利于减小横截面畸变率。在实际弯管过程中,可以适当增加芯球的数量,使芯球填满整个弯曲变形区。

当芯球间距过大时,在芯球之间也会形成悬空区域,芯球间距越大则悬空区域长度越大,最终导致横截面畸变率较大。因此,可以从调整芯球间距入手来减小横截面畸变率。如图 5-53 所示,将图 5-52 所示的芯球间距作进一步调整,使弯曲后的芯球分布更加紧密,芯球支撑点的位置更加接近,也能起到减小横截面畸变率的

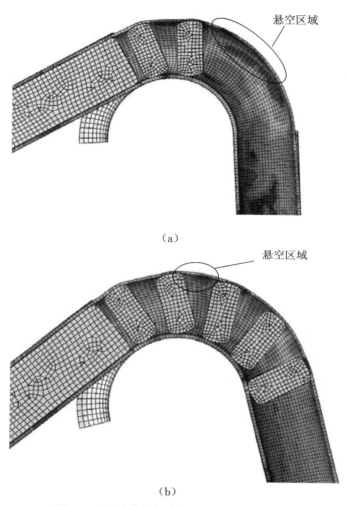

悬空区域

（a）

悬空区域

（b）

图 5-52　通过增加芯球数量来抑制横截面畸变

（a）芯球数量为 2 个时；（b）芯球数量为 5 个时

作用。

　　在增加芯球数量、缩短芯球间距的同时，也可以通过缩短芯球宽度来增加支撑点数量，进而抑制横截面畸变。如图 5-54 所示，当芯球宽度缩短时，弯曲变形区可以容纳更多的芯球，与图 5-53 所示模型相比，变形区的支撑点由 5 个变为 6个，芯球分布更加紧密，芯球支撑点的位置更加接近，这也有利于减小横截面畸变率。

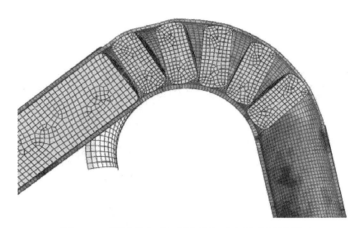

图 5-53　通过缩短芯球间距来减小悬空区域长度

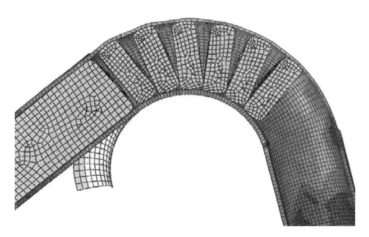

图 5-54　通过缩短芯球宽度和间距来增加支撑点数量

除此之外,也可以通过改进芯球结构来抑制横截面畸变。例如,采用图 5-55 所示的芯球结构,弯曲后芯球之间仍能保持紧密贴合,也有利于减小横截面畸变率。

对于矩形管而言,其横截面畸变包括管材外侧凹陷、侧面和内侧隆起。增加芯球数量、缩小芯球间距和芯球宽度同样能够有效减少矩形管材横截面畸变量,尤其是管材外侧凹陷量和内侧隆起量。对于管材侧面的隆起畸变,可以采取增加弯曲模侧面法兰支撑高度的方法来抑制。

对于双脊矩形管而言,可以采用刚性芯模与 PVC 芯模相组合的方式来抑制横截面畸变。如图 5-56 所示,在双脊矩形管的内部和脊槽中分别设置刚性芯模和 PVC 芯模。刚性芯模起主支撑作用,防止管材外形发生明显畸变,PVC 芯模起辅

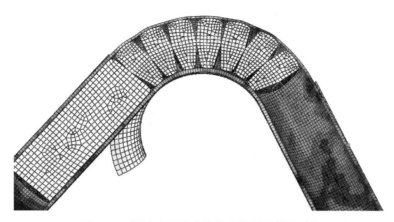

图 5-55　通过改进芯球结构来抑制横截面畸变

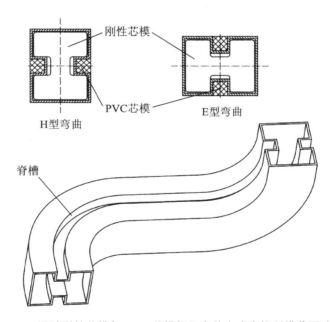

图 5-56　通过刚性芯模与 PVC 芯模相组合的方式来抑制横截面畸变

助支撑作用,防止脊槽区域发生畸变。该组合在防止横截面畸变方面的效果会优于单独采用刚性芯模时的效果。

5.6.2　增加辅助夹紧模具来抑制横截面畸变

对于异形管绕弯来说,也可以通过增加辅助夹紧模具来抑制横截面畸变。如

图 5-57 所示的带筋条的矩形管,在绕弯过程中,该管材除发生外侧凹陷、侧面和内侧隆起等畸变外,还会发生筋条偏斜畸变。遇到这种情况时,需要采用辅助夹紧模具来抑制筋条的偏斜畸变。

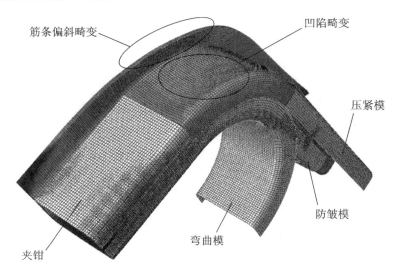

图 5-57　带筋条矩形管材绕弯的数值模拟结果

图 5-58 所示为添加了辅助夹紧模具的带筋条矩形管材绕弯成形的数值模拟结果,从中可以看出,成形后筋条偏斜畸变有了明显改善。

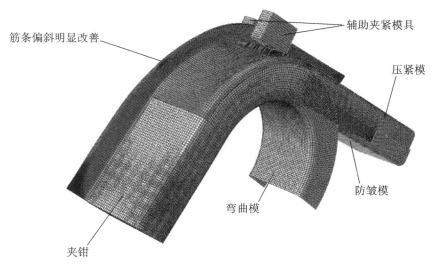

图 5-58　添加了辅助夹紧模具的带筋条矩形管材绕弯成形过程

5.6.3　利用填充材料来抑制横截面畸变

对于熔点较高的金属管材,在绕弯成形前,可以向其内部注入低熔点液态金属,冷却之后在常温条件下以实心棒材的形式进行绕弯成形。成形之后再次加热,使其内部的低熔点金属熔化。这种方法可用于小直径管材、横截面形状复杂的异形管材的绕弯成形工艺,以解决管材畸变问题。

表 5-3 所示为常用金属材料的热特性,不锈钢管绕弯成形时可以采用黄铜、铝等金属作为填充材料,铝合金管材绕弯成形时可以采用锡、铅等金属作为填充材料。

表 5-3　常用金属的热特性

金属材料名称	熔点/℃	热传导率/(W/(m² · K))	比热容/(J/(kg · K))
不锈钢 1Cr18Ni9Ti	1450~1550	46.4	502.4
黄铜	950	92.8	393.6
铝	658	203	904.3
锡	232	62.6	234.5
铅	327	34.8	129.8

也可以采用不耐火的碳化合物作为填充材料,在绕弯成形后,对管件进行火烧处理,使其内部填充物发生分解。

除此之外,在弯曲过程中还可以通过施加温度场改善材料的力学性能,或者通过添加润滑油来减小材料流动阻力,最终达到减小横截面畸变率的目的。总之,抑制管材绕弯横截面畸变的方法还有很多,需要在实践中不断地尝试并改进。

5.7　本章小结

本章阐述了现有文献中绕弯横截面畸变问题的研究现状,包括圆管和矩形管的横截面畸变问题。在圆管绕弯畸变问题研究方面,本章介绍了圆管绕弯畸变特点,以横截面扁化畸变作为重点研究对象,介绍了圆管扁化畸变量的解析计算方法。在矩形管绕弯畸变问题研究方面,本章介绍了矩形管绕弯横截面畸变特点(顶面凹陷、侧面隆起等），以顶面凹陷畸变作为分析对象，介绍了矩形管横截面凹陷畸变量的计算方法。

此外，本章还总结了现有文献中对圆管、矩形管绕弯成形横截面畸变问题的研究成果，分析了关键参数对管材横截面畸变的影响规律。通过总结发现，抑制圆管绕弯扁化畸变的最有效方法为改进芯棒结构，具体措施包括增加芯球数量、缩小芯球间距、缩小芯球宽度和改进芯球结构等。对于矩形管绕弯畸变问题来讲，除了上述措施外，还可以通过增加弯曲模侧面法兰支撑高度来减小横截面畸变程度。对于横截面比较特殊的异形管材，可以通过添加辅助夹紧模具来抑制畸变。对于熔点较高的小直径管材、横截面复杂的异形管材，可以通过填充低熔点金属或不耐火的碳化合物来抑制横截面畸变。

第6章 管材绕弯失稳起皱分析模型及缺陷抑制方法

6.1 管材绕弯过程中的失稳起皱行为

在薄壁件弯曲过程中,若工艺参数设置不当,很容易发生起皱现象,如图 6-1 所示。起皱对管材的成形质量影响巨大,在进行气液输送时,起皱波能够扰动流体传导特性,从而降低管材的传导效率。如何快速准确地预测管材绕弯成形起皱现象,是目前管材加工领域亟待解决的难题。

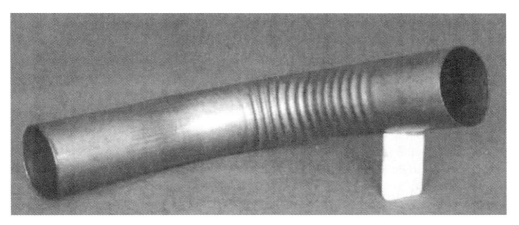

图 6-1 管材绕弯起皱现象

当前学术界对绕弯起皱问题的研究主要从塑性理论分析、数值模拟和试验三方面进行。基于薄壳理论、塑性成形理论、能量原理和波函数构建管材绕弯起皱分析模型,然后通过数值模拟和试验对模型进行验证和评估。

在现有塑性理论中,能量法是建立薄壁件绕弯成形起皱准则的一种有效途径。该理论认为当管材单元的内能 U 与外力所做的功 T 相等时,管材开始起皱,即存在如下关系式:

$$U = T \qquad (6\text{-}1)$$

研究者基于上述理论,推导了薄壁圆管和矩形管的绕弯起皱分析模型,分析了材料参数和几何参数对绕弯起皱行为的影响规律。

6.2　圆管绕弯失稳起皱求解模型的研究现状

参考文献[73]建立了圆管绕弯失稳起皱分析模型,提出了一种起皱波函数,并建立了预测管材最小弯曲半径的方法,该模型的推导过程如下所述。

6.2.1　壳单元模型

在管材内侧的起皱区域取一个微型壳元,根据板壳变形理论[58],壳元中面的应变、曲率变化和弯矩之间存在如下关系:

$$
\begin{cases}
\varepsilon_\alpha = \dfrac{1}{A}\dfrac{\partial u}{\partial \alpha} + \dfrac{v}{AB}\dfrac{\partial A}{\partial \beta} + \dfrac{w}{\rho_1} \\[2ex]
\varepsilon_\beta = \dfrac{1}{B}\dfrac{\partial v}{\partial \beta} + \dfrac{u}{AB}\dfrac{\partial B}{\partial \beta} + \dfrac{w}{\rho_2} \\[2ex]
\gamma_{\alpha\beta} = \dfrac{B}{A}\dfrac{\partial}{\partial \alpha}\left(\dfrac{v}{B}\right) + \dfrac{A}{B}\dfrac{\partial}{\partial \beta}\left(\dfrac{u}{A}\right) \\[2ex]
\kappa_1 = \dfrac{1}{A}\dfrac{\partial}{\partial \alpha}\left(\dfrac{u}{\rho_1}\right) + \dfrac{1}{AB}\dfrac{\partial A}{\partial \beta}\dfrac{v}{\rho_2} - \dfrac{1}{A}\dfrac{\partial}{\partial \alpha}\left(\dfrac{1}{A}\dfrac{\partial w}{\partial \alpha}\right) - \dfrac{1}{AB^2}\dfrac{\partial A}{\partial \beta}\dfrac{\partial w}{\partial \beta} - \dfrac{\varepsilon_\alpha}{\rho_1} \\[2ex]
\kappa_2 = \dfrac{1}{B}\dfrac{\partial}{\partial \beta}\left(\dfrac{v}{\rho_2}\right) + \dfrac{1}{AB}\dfrac{\partial B}{\partial \alpha}\dfrac{u}{\rho_1} - \dfrac{1}{B}\dfrac{\partial}{\partial \beta}\left(\dfrac{1}{B}\dfrac{\partial w}{\partial \beta}\right) - \dfrac{1}{A^2B}\dfrac{\partial B}{\partial \alpha}\dfrac{\partial w}{\partial \alpha} - \dfrac{\varepsilon_\beta}{\rho_2} \\[2ex]
\chi = \dfrac{A}{B\rho_1}\dfrac{\partial}{\partial \beta}\left(\dfrac{u}{A}\right) + \dfrac{B}{A\rho_2}\dfrac{\partial}{\partial \alpha}\left(\dfrac{v}{B}\right) - \dfrac{1}{AB}\left(\dfrac{\partial^2 w}{\partial \alpha \partial \beta} - \dfrac{1}{A}\dfrac{\partial A}{\partial \beta}\dfrac{\partial w}{\partial \alpha} - \dfrac{1}{B}\dfrac{\partial B}{\partial \alpha}\dfrac{\partial w}{\partial \beta}\right) \\[2ex]
\qquad - \left(\dfrac{1}{\rho_1} + \dfrac{1}{\rho_2}\right)\dfrac{\gamma_{\alpha\beta}}{2}
\end{cases}
\tag{6-2}
$$

式中,α 和 β 为壳元所在的曲面坐标系的坐标轴方向,u、v 和 w 表示壳元在坐标轴 α、β 方向和曲面法线方向上的位移量,A 和 B 为变形前的拉麦(Lame)系数,ρ_1 和 ρ_2 分别为壳元在 α 和 β 方向上的曲率半径,ε_α、ε_β 和 $\gamma_{\alpha\beta}$ 为壳元中面上的应变,κ_1 和 κ_2 为壳元在 α 和 β 方向上的曲率变化,χ 为作用在壳元上的扭矩。

假设该壳元的形变仅与法向位移 w 有关,则由起皱引起的应变满足如下关系式。

$$\begin{cases} \varepsilon_{\alpha\alpha} = \varepsilon_\varphi = \dfrac{w}{\rho}, \varepsilon_{\beta\beta} = \varepsilon_\theta = \dfrac{w}{R_0}, \varepsilon_{\alpha\beta} = \gamma_{\varphi\theta} = 0 \\[2mm] \kappa_{\alpha\alpha} = -\dfrac{1}{\rho^2}\dfrac{\partial^2 w}{\partial \varphi^2} - \dfrac{\sin\theta}{\rho R_0}\dfrac{\partial w}{\partial \theta} - \dfrac{w}{\rho^2} \\[2mm] \kappa_{\beta\beta} = -\dfrac{1}{R_0^2}\dfrac{\partial^2 w}{\partial \theta^2} - \dfrac{w}{R_0^2} \\[2mm] \kappa_{\alpha\beta} = \chi = -\dfrac{1}{\rho R_0}\dfrac{\partial^2 w}{\partial \varphi \partial \theta} + \dfrac{\sin\theta}{\rho^2}\dfrac{\partial w}{\partial \varphi} \end{cases} \quad (6\text{-}3)$$

式中，$\varepsilon_{ij}(i,j=\alpha,\beta)$ 为壳元中面上的应变分量。κ_{ij} 为弯曲过程中壳元曲率的变化。$\rho = \rho_0 - R_0\cos\theta$，$\rho_0$ 和 R_0 分别为弯曲半径和管材半径。φ 表示管材轴向弯曲角度，变化范围为 $[\varphi_0, \varphi_1]$。θ 为横截面环向角度，变化范围为 $[0, \pi/2]$。φ 和 θ 的变化方向如图 6-2 所示。

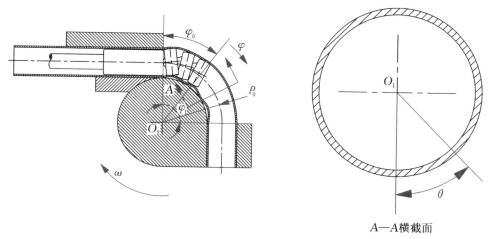

图 6-2　圆管绕弯成形起皱分析

6.2.2　圆管绕弯起皱波函数

如图 6-3 所示，假设弯曲半径为 ρ_0 时管材开始起皱，管材长度方向上共有 m 个半波段，起皱时满足以下边界条件：

$$\begin{cases} \varphi = 0, \quad w = 0, \quad \dfrac{\partial w}{\partial \varphi} = 0 \\[2mm] \varphi = \varphi_1 - \varphi_0, \quad w = 0, \quad \dfrac{\partial w}{\partial \varphi} = 0 \end{cases} \quad (6\text{-}4)$$

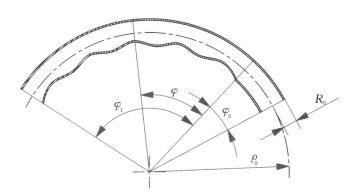

图 6-3　圆管绕弯成形起皱波分析

则法向位移 w 可表示为

$$w = f\left[1 - \cos\left(\frac{2\pi m\varphi}{\varphi_1 - \varphi_0}\right)\right] \tag{6-5}$$

式中，f 为起皱幅度，其值可以通过以下方法确定。

起皱时，管材压缩区域的纵向位移 Δl_φ 可以表示为

$$\Delta l_\varphi = \int_0^{\varphi_1 - \varphi_0} \rho \sqrt{1 + \left(\frac{1}{\rho}\frac{\mathrm{d}w}{\mathrm{d}\varphi}\right)^2}\,\mathrm{d}\varphi - \int_0^{\varphi_1 - \varphi_0} \rho\,\mathrm{d}\varphi \approx \frac{1}{2\rho}\int_0^{\varphi_1 - \varphi_0}\left(\frac{\partial w}{\partial \varphi}\right)^2\,\mathrm{d}\varphi \tag{6-6}$$

此外，Δl_φ 可以表示为

$$\Delta l_\varphi = R_0 \cos\theta(\varphi_1 - \varphi_0) \tag{6-7}$$

由此可得，起皱幅度 f 的计算方法如下：

$$f = \frac{\sqrt{R_0 \rho_0}(\varphi_1 - \varphi_0)}{\pi m}\sqrt{\frac{\rho\cos\theta}{\rho_0}} \tag{6-8}$$

将公式(6-8)代入公式(6-5)，可得公式(6-9)，其中 w_0 为常数。

$$\begin{cases} w = w_0\sqrt{\dfrac{\rho\cos\theta}{\rho_0}}\left[1 - \cos\left(\dfrac{2\pi m\varphi}{\varphi_1 - \varphi_0}\right)\right] \\[4mm] w_0 = \dfrac{\sqrt{R_0\rho_0}(\varphi_1 - \varphi_0)}{\pi m} \end{cases} \tag{6-9}$$

6.2.3　圆管绕弯起皱内能的计算

根据板壳塑性变形理论，褶皱壳元的内能包括膜变形和弯曲变形所需的能量。由此可得

$$U = \int_S \left[\int \left(\int_{-t_0/2}^{t_0/2} \sigma_{ij} \, \mathrm{d}z \right) \mathrm{d}\varepsilon_{ij} \right] \mathrm{d}S + \int_S \left(\int M_{ij} \, \mathrm{d}\kappa_{ij} \right) \mathrm{d}S \tag{6-10}$$

式中，$\sigma_{ij}(i,j=\alpha,\beta)$ 为膜应力分量，M_{ij} 为弯矩，S 为起皱变形区面积。

将公式(6-3)代入公式(6-10)，可得

$$U = \frac{t}{2} \iint \frac{E_s}{1-\mu^2} \left(\frac{w^2}{\rho^2} + \frac{w^2}{R_0^2} + 2\mu \frac{w^2}{\rho R_0} \right) \rho R_0 \, \mathrm{d}\varphi \, \mathrm{d}\theta + \frac{t^3}{24} \iint \frac{E_r}{1-\mu^2} \left[\left(\frac{1}{R_0^2} \frac{\partial^2 w}{\partial \theta^2} + \frac{w}{R_0^2} \right)^2 \right.$$

$$+ \left(\frac{1}{\rho^2} \frac{\partial^2 w}{\partial \varphi^2} + \frac{\sin\theta}{\rho R_0} \frac{\partial w}{\partial \varphi} + \frac{w}{\rho^2} \right)^2 + 2\mu \left(\frac{1}{R_0^2} \frac{\partial^2 w}{\partial \theta^2} + \frac{w}{R_0^2} \right) \left(\frac{1}{\rho^2} \frac{\partial^2 w}{\partial \varphi^2} + \frac{\sin\theta}{\rho R_0} \frac{\partial w}{\partial \varphi} + \frac{w}{\rho^2} \right)$$

$$\left. + 2(1-\mu) \left(\frac{1}{\rho R_0} \frac{\partial^2 w}{\partial \varphi \partial \theta} - \frac{\sin\theta}{\rho^2} \frac{\partial w}{\partial \varphi} \right)^2 \right] \rho R_0 \, \mathrm{d}\varphi \, \mathrm{d}\theta \tag{6-11}$$

式中，t 和 μ 分别为管材的壁厚和泊松比，假定材料为不可压缩的各向同性材料，则 $\mu=0.5$。E_r 和 E_s 分别为折合模量和割线模量，计算方法如下：

$$\begin{cases} E_r = 4E \dfrac{\mathrm{d}\bar{\sigma}}{\mathrm{d}\bar{\varepsilon}} \left(\sqrt{E} + \sqrt{\dfrac{\mathrm{d}\bar{\sigma}}{\mathrm{d}\bar{\varepsilon}}} \right)^2 \\[4mm] E_s = \bar{\sigma}/\bar{\varepsilon} \end{cases} \tag{6-12}$$

式中，$\bar{\sigma}$ 和 $\bar{\varepsilon}$ 分别为等效应力和等效应变，$\mathrm{d}\bar{\sigma}$ 和 $\mathrm{d}\bar{\varepsilon}$ 分别为等效应力增量和等效应变增量。

将公式(6-9)代入公式(6-11)，可得壳元起皱时的内能如下：

$$U = \frac{R_0 \rho_0}{\pi^2} \left[m^2 \frac{K_1}{\varphi_1 - \varphi_0} + K_2 (\varphi_1 - \varphi_0) + \frac{K_3}{m^2} (\varphi_1 - \varphi_0)^3 \right] \tag{6-13}$$

式中，K_1、K_2 和 K_3 的计算方法如下：

$$K_1 = \frac{t_0^3}{24} \int_0^{\pi/2} \frac{E_r}{1-\mu^2} \frac{8\pi^4 R_0}{\rho^2 \rho_0} \cos\theta \, \mathrm{d}\theta \tag{6-14}$$

$$K_2 = \frac{t_0^3}{24} \int_0^{\pi/2} \frac{E_r}{1-\mu^2} \left\{ -\frac{2\pi^2}{\rho^2 \rho_0} \sin\theta (R_0 \sin2\theta - \rho_0 \sin\theta) - \frac{2\pi^2 \mu}{\rho \rho_0 R_0} [2R_0 \cos2\theta \right.$$

$$- \rho_0 \cos\theta - \frac{(R_0 \sin2\theta - \rho_0 \sin\theta)^2}{2\rho \rho_0 \cos\theta}] + \frac{(1-\mu)\pi^2}{\rho^2 \rho_0 R_0} \frac{(\sin2\theta - \rho_0 \sin\theta)^2}{\cos\theta}$$

$$- \frac{4(1-\mu)\pi^2}{\rho^2 \rho_0} \sin\theta (R_0 \sin2\theta - \rho_0 \sin\theta) + \frac{4(1-\mu)\pi^2 R_0}{\rho^2 \rho_0} \sin^2\theta \cos\theta$$

$$\left. - \left(\frac{R_0}{\rho^2 \rho_0} + \frac{\mu}{\rho_0 R_0} \right) 4\pi^2 \cos\theta \right\} \mathrm{d}\theta \tag{6-15}$$

$$K_3 = \frac{t_0^3}{24} \int_0^{\pi/2} \frac{E_r}{1-\mu^2} \left\{ -\frac{3}{8\rho^2 \rho_0 R_0} \frac{\sin^2\theta}{\cos\theta} (R_0 \sin2\theta - \rho_0 \sin\theta)^2 \right.$$

$$+\frac{3}{8R_0^3\rho_0}\frac{1}{\cos\theta}\left[2R_0\cos2\theta-\rho_0\cos\theta-\frac{(R_0\sin2\theta-\rho_0\sin\theta)^2}{2\rho\rho_0\cos\theta}\right]^2$$

$$+\frac{3\mu}{4\rho\rho_0R_0^2}\frac{\sin\theta}{\cos\theta}(R_0\sin2\theta-\rho_0\sin\theta)\left[2R_0\cos2\theta\rho_0\cos\theta-\frac{(R_0\sin2\theta-\rho_0\theta)^2}{2\rho\rho_0\cos\theta}\right]$$

$$+\frac{3}{2}\left(\frac{R_0}{\rho^2\rho_0}+\frac{\rho^2}{\rho_0R_0^3}+\frac{2\mu}{\rho_0R_0}\right)\cos\theta+\frac{3}{2\rho_0}\left(\frac{\sin\theta}{\rho^2}+\frac{\mu}{R_0^2}\right)(R_0\sin2\theta-\rho_0\sin\theta)$$

$$+\frac{3}{2\rho_0}\left(\frac{\rho}{R_0^3}+\frac{\mu}{\rho R_0}\right)\left[2R_0\cos2\theta-\rho_0\cos\theta-\frac{(R_0\sin2\theta-\rho_0\sin\theta)^2}{2\rho\rho_0\cos\theta}\right]\Bigg\}d\theta$$

$$+\frac{3t_0}{4}\int_0^{\pi/2}\frac{E_s}{1-\mu^2}\left(\frac{R_0}{\rho_0}+\frac{\rho^2}{\rho_0R_0}+\frac{2\mu\rho}{\rho_0}\right)\cos\theta d\theta \tag{6-16}$$

当 $\partial U/\partial m=0$ 时,可以求得起皱的临界半波数 m_{cr}。

$$m_{cr}=(\varphi_1-\varphi_0)\sqrt[4]{\frac{K_3}{K_1}} \tag{6-17}$$

由此可得,起皱发生时的最小内能为

$$U_{min}=\frac{R_0\rho_0}{\pi^2}\left[m_{cr}^2\frac{K_1}{\varphi_1-\varphi_0}+K_2(\varphi_1-\varphi_0)+\frac{K_3}{m_{cr}^2}(\varphi_1-\varphi_0)^3\right] \tag{6-18}$$

6.2.4 外力做功的计算

如图 6-4 所示,在管材弯曲变形区的内表面上取一微元,则微元的平衡微分方程为

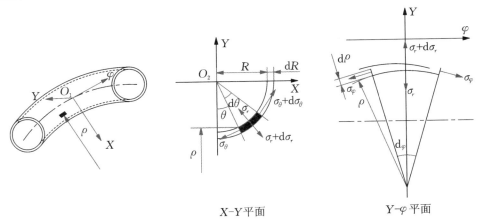

X-Y 平面   Y-φ 平面

图 6-4 圆管绕弯长度方向的应力分析

$$\begin{cases} -[(\sigma_r+d\sigma_r)(R+dR)(\rho+d\rho)d\theta d\varphi - \sigma_r R\rho d\theta d\varphi]\cos\theta + \\ [(\sigma_\theta+d\sigma_\theta)(\rho+d\rho)dRd\varphi - \sigma_\theta\rho dRd\varphi]\sin\theta - \sigma_\varphi RdRd\theta d\varphi = 0 \\ [(\sigma_r+d\sigma_r)(R+dR)(\rho+d\rho)d\theta d\varphi - \sigma_r R\rho d\theta d\varphi]\sin\theta + \\ [(\sigma_\theta+d\sigma_\theta)(\rho+d\rho)dRd\varphi - \sigma_\theta\rho dRd\varphi]\cos\theta = 0 \end{cases} \tag{6-19}$$

将公式(6-19)进行简化,可得

$$\frac{1}{\sin\theta}(\sigma_\theta d\rho + \rho d\sigma_\theta) = \sigma_\varphi R d\theta \tag{6-20}$$

对于薄壁管,近似认为 $d\rho = R_0\sin\theta d\theta$,由此可以进一步得到

$$d\sigma_\theta = \sin\theta(\sigma_\varphi - \sigma_\theta)\frac{R_0}{\rho}d\theta \tag{6-21}$$

假设弯曲过程中管材横截面不发生畸变,则可以认为 $\varepsilon_\theta = 0$。进而可以得到

$$\begin{cases} \sigma_\theta = \dfrac{\sigma_\varphi + \sigma_r}{2} \\ \sigma_\varphi - \sigma_r = -\dfrac{2}{\sqrt{3}}\bar\sigma \\ \bar\varepsilon = \dfrac{2}{\sqrt{3}}|\varepsilon_\varphi| \end{cases} \tag{6-22}$$

将公式(6-22)代入公式(6-21),可得

$$d\sigma_\varphi = -\frac{1}{\sqrt{3}}\left(d\bar\sigma + \bar\sigma\frac{R}{\rho}\sin\theta d\theta\right) \tag{6-23}$$

若材料的应力应变曲线为 $\bar\sigma = K(\bar\varepsilon + \varepsilon_0)^n$,$\sigma_\varphi$ 的计算方法如下。

$$\sigma_\varphi = -\frac{K}{\sqrt{3}}\left\{\left[\frac{2}{\sqrt{3}}\left|\ln\left(\frac{\rho}{\rho_0}\right)\right| + \varepsilon_0\right]^n + \int_{\pi/2}^\theta \frac{R_0\sin\theta}{\rho}\left[\frac{2}{\sqrt{3}}\left|\ln\left(\frac{\rho}{\rho_0}\right)\right| + \varepsilon_0\right]^n d\theta\right\} \tag{6-24}$$

进而可以依照公式(6-25)计算外力所做的功 T:

$$T = t_0\int_0^{\pi/2}|\sigma_\varphi|\Delta l_\varphi R_0 d\theta = t_0\int_0^{\pi/2}|\sigma_\varphi|R_0^2(\varphi_1-\varphi_0)\cos\theta d\theta \tag{6-25}$$

6.2.5　圆管绕弯最小弯曲半径的求解

将公式(6-1)、公式(6-18)和公式(6-25)联立,即可求得起皱时的弯曲半径 ρ。

6.3 矩形管绕弯失稳起皱求解模型的研究现状

参考文献[18]建立了矩形管绕弯起皱分析模型,推导过程如下。

矩形管绕弯过程如图 6-5 所示,$0\sim\alpha_0$ 对应管材长度方向的起皱区间长度,管材弯曲半径用 ρ_0 表示,管材截面内表面在弯曲后发生隆起,隆起半径用 r 表示。

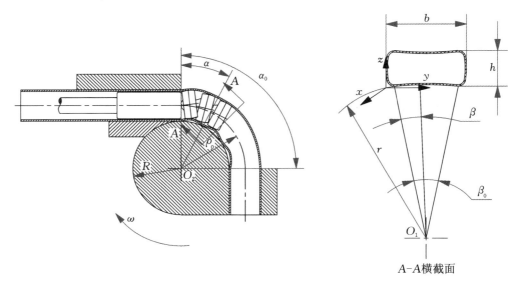

图 6-5　矩形管绕弯成形起皱分析

6.3.1　壳单元模型

在管材绕弯起皱区域取一个微型壳元,假设壳元的起皱变形仅与法向位移 w 有关,则由起皱引起的应变满足如下关系式。

$$\begin{cases} \varepsilon_\alpha = \dfrac{w}{\rho}, \varepsilon_\beta = \dfrac{w}{r}, \gamma_{\alpha\beta} = 0 \\[2mm] \kappa_\alpha = -\dfrac{1}{\rho^2}\dfrac{\partial^2 w}{\partial \alpha^2} + \dfrac{\sin\beta}{\rho r}\dfrac{\partial w}{\partial \beta} - \dfrac{w}{\rho^2} \\[2mm] \kappa_\beta = -\dfrac{1}{r^2}\dfrac{\partial^2 w}{\partial \beta^2} - \dfrac{w}{r^2} \\[2mm] \kappa_{\alpha\beta} = \chi = -\dfrac{1}{\rho r}\dfrac{\partial^2 w}{\partial \alpha \partial \beta} - \dfrac{\sin\beta}{\rho^2}\dfrac{\partial w}{\partial \alpha} \end{cases} \quad (6\text{-}26)$$

式中，$\rho=\rho_0-h/2+r(\cos\beta-\cos\beta_0)$，$h$ 和 r 分别为管材横截面高度和宽度方向的隆起半径。

6.3.2　矩形管绕弯起皱波函数

假设弯曲半径为 ρ_0 时管材发生起皱，管材长度方向上共有 m 个半波段，起皱时满足以下边界条件：

$$\begin{cases}\alpha=0 \text{ 或 } \alpha_0,w=0,\dfrac{\partial w}{\partial \alpha}=0 \\[2mm] \beta=0 \text{ 或 } \beta_0,w=0,\dfrac{\partial w}{\partial \beta}=0\end{cases} \tag{6-27}$$

则微元的法向位移 w 可表示为

$$w=s\left(1-\cos\frac{2\pi m\alpha}{\alpha_0}\right)\sin\frac{\pi\beta}{\beta_0} \tag{6-28}$$

式中，s 是一个与 α 和 β 有关的独立常数，其值可以通过下述方法确定。将 $\beta=\beta_0/2$ 代入公式(6-28)中，可得

$$w_{\beta_0/2}=s\left(1-\cos\frac{2\pi m\alpha}{\alpha_0}\right) \tag{6-29}$$

矩形管压缩侧在 $\beta=\beta_0/2$ 处的位移可以表示为

$$\begin{aligned}\Delta l_{\beta_0/2}&=\int_0^{\alpha_0}\rho\sqrt{1+\left(\frac{\mathrm{d}w_{\beta_0/2}}{\mathrm{d}\alpha}\right)^2}\mathrm{d}\alpha-\int_0^{\alpha_0}\rho\,\mathrm{d}\alpha\approx\frac{1}{2\rho}\int_0^{\alpha_0}\left(\frac{\partial w_{\beta_0/2}}{\partial\alpha}\right)^2\mathrm{d}\alpha\\&=\frac{1}{2\rho}\int_0^{\alpha_0}s^2\left(\frac{2\pi m}{\alpha_0}\right)^2\frac{1-\cos(4\pi m\alpha/\alpha_0)}{2}\mathrm{d}\alpha=\frac{\alpha^2\pi^2m^2}{\alpha_0 R}\end{aligned} \tag{6-30}$$

在小变形条件下，可以近似认为

$$l_{\beta_0/2}=(\rho_0-\rho)\alpha_0\approx\frac{h\alpha_0}{2} \tag{6-31}$$

进而可得

$$s=\frac{\sqrt{\rho h/2}}{\pi m}\alpha_0\approx\frac{\sqrt{(2\rho_0-h)h}}{2\pi m}\alpha_0 \tag{6-32}$$

将公式(6-32)代入公式(6-29)，可得公式(6-33)，其中 w_0 是一个与 ρ_0、h 和 m 有关的常数。

$$\begin{cases} w = w_0 \alpha_0 \left(1 - \cos \dfrac{2\pi m\alpha}{\alpha_0} \right) \sin \dfrac{\pi\beta}{\beta_0} \\ w_0 = \dfrac{\sqrt{(2\rho_0 - h)h}}{2\pi m} \end{cases} \tag{6-33}$$

6.3.3 矩形管绕弯起皱内能的计算

根据塑性变形理论,壳元起皱时的内能可表示为

$$U = \frac{t}{2} \iint \frac{E_s}{1-\mu^2} \left[(\varepsilon_\alpha + \varepsilon_\beta)^2 + 2(1-\mu)\left(\frac{1}{4}\gamma_{\alpha\beta} - \varepsilon_\alpha\varepsilon_\beta \right) \right] AB\,\mathrm{d}\alpha\,\mathrm{d}\beta +$$

$$\frac{t^3}{24} \iint \frac{E_r}{1-\mu^2} \left[(\kappa_\alpha + \kappa_\beta)^2 + 2(1-\mu)(\chi - \kappa_\alpha\kappa_\beta) \right] AB\,\mathrm{d}\alpha\,\mathrm{d}\beta \tag{6-34}$$

式中,t 为矩形管的壁厚值。E_r 和 E_s 分别为折合模量和割线模量,计算方法如公式(6-35)所示。μ 为泊松比,当材料不可压缩时可认为 $\mu = 0.5$。

$$\begin{cases} E_r = 4E\dfrac{\mathrm{d}\bar\sigma}{\mathrm{d}\bar\varepsilon} \left(\sqrt{E} + \sqrt{\dfrac{\mathrm{d}\bar\sigma}{\mathrm{d}\bar\varepsilon}} \right)^2 \\ E_s = \bar\sigma / \bar\varepsilon \end{cases} \tag{6-35}$$

式中,$\bar\sigma$ 和 $\bar\varepsilon$ 分别为等效应力和等效应变,$\mathrm{d}\bar\sigma$ 和 $\mathrm{d}\bar\varepsilon$ 分别为等效应力增量和等效应变增量。

将公式(6-26)代入公式(6-34),可得

$$U = \frac{t}{2} \iint \frac{E_s}{1-\mu^2} \left(\frac{1}{\rho^2} + \frac{2\mu}{\rho r} + \frac{1}{r^2} \right) w^2 \rho r\,\mathrm{d}\alpha\,\mathrm{d}\beta + \frac{t^3}{24} \iint \frac{E_r}{1-\mu^2} \left[\left(\frac{1}{r^2}\frac{\partial^2 w}{\partial\beta^2} + \frac{w}{r^2} \right)^2 \right.$$

$$\left(\frac{1}{\rho^2}\frac{\partial^2 w}{\partial\alpha^2} - \frac{\sin\beta}{\rho r}\frac{\partial w}{\partial\beta} + \frac{w}{\rho^2} \right)^2 + 2\mu \left(\frac{1}{r^2}\frac{\partial^2 w}{\partial\beta^2} + \frac{w}{r^2} \right) \left(\frac{1}{\rho^2}\frac{\partial^2 w}{\partial\alpha^2} - \frac{\sin\beta}{\rho r}\frac{\partial w}{\partial\beta} + \frac{w}{\rho^2} \right)$$

$$\left. + 2(1-\mu)\left(\frac{1}{\rho r}\frac{\partial^2 w}{\partial\alpha\partial\beta} + \frac{\sin\beta}{\rho^2}\frac{\partial w}{\partial\alpha} \right)^2 \right] \rho r\ \mathrm{d}\alpha\,\mathrm{d}\beta \tag{6-36}$$

将公式(6-33)代入公式(6-36),可得

$$U = w_0^2 \left(\frac{K_1}{\alpha_0} m^4 + \alpha_0 K_2 m^2 + \alpha_0^3 K_3 \right) \tag{6-37}$$

式中,K_1、K_2 和 K_3 的计算方法如下:

$$K_1 = \frac{E_r \pi^4}{3(1-\mu^2)} \int_0^{\beta_0} \frac{t^3 r}{\rho^3} \sin^2 \frac{\pi\beta}{\beta_0} \mathrm{d}\beta \tag{6-38}$$

$$K_2 = \frac{E_r}{6(1-\mu^2)} \int_0^{\beta_0} \frac{(1-\mu)t^3 r}{\rho} \left(\frac{\pi^2}{r^2 \beta_0^2} \cos^2 \frac{\pi\beta}{\beta_0} \right.$$

$$\left. + \frac{\pi}{\rho r \beta_0} \sin \frac{\pi\beta}{\beta_0} \sin\beta + \frac{1}{\rho^2} \sin^2 \frac{\pi\beta}{\beta_0} \sin^2 \beta \right) \mathrm{d}\beta \tag{6-39}$$

$$K_3 = \frac{E_r t^3}{8(1-\mu^2)} \int_0^{\beta_0} \left[\frac{r}{2\rho} \left(\frac{\pi^2}{r^2 \beta_0^2} \sin^2\beta \cos^2 \frac{\pi\beta}{\beta_0} + \frac{1}{\rho^2} \sin^2 \frac{\pi\beta}{\beta_0} - \frac{\pi}{\rho r \beta_0} \sin\beta \sin \frac{2\pi\beta}{\beta_0} \right) \right.$$

$$\left. + \frac{\rho(\pi^2 - \beta^2)}{2r^3 \beta_0^4} \sin^2 \frac{\pi\beta}{\beta_0} - \frac{\mu(\pi^2 - \beta^2)^2}{\rho r \beta_0^2} \sin^2 \frac{\pi\beta}{\beta_0} \right] \mathrm{d}\beta + \frac{3E_s}{4(1-\mu^2)} \int_0^{\beta_0} t\rho r$$

$$\left(\frac{1}{\rho^2} + \frac{2\mu}{\rho r} + \frac{1}{r^2} \right) \sin^2 \frac{\pi\beta}{\beta_0} \mathrm{d}\beta \tag{6-40}$$

当 $\partial U / \partial m = 0$ 时，可以求得起皱的临界半波数 m_{cr}。

$$m_{cr} = \alpha_0 \sqrt[4]{K_3 / K_1} \tag{6-41}$$

进而，可以求得起皱时的最小内能 $U_{\min}$。

$$U_{\min} = \frac{(\rho_0 - h/2)h}{2\pi^2} \left(\frac{K_1}{\alpha_0} m_{cr}^2 + \alpha_0 K_2 + \frac{\alpha_0^3 K_3}{m_{cr}^2} \right) \tag{6-42}$$

6.3.4　外力做功的计算

如图 6-6 所示，在管材弯曲变形区的内表面上取一微元，则微元的平衡微分方程如下：

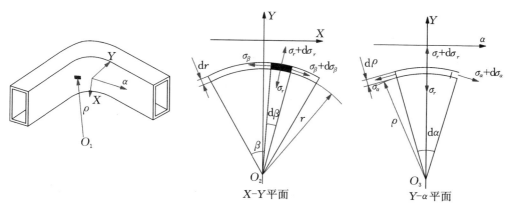

图 6-6　矩形管绕弯长度方向的应力分析

$$\begin{cases} [(\sigma_r+\mathrm{d}\sigma_r)(r+\mathrm{d}r)(\rho+\mathrm{d}\rho)\mathrm{d}\beta\mathrm{d}\alpha-\sigma_r r\rho\mathrm{d}\beta\mathrm{d}\alpha]\cos\beta- \\ [(\sigma_\beta+\mathrm{d}\sigma_\beta)(\rho+\mathrm{d}\rho)\mathrm{d}\alpha\mathrm{d}r-\sigma_\beta\rho\mathrm{d}r\mathrm{d}\alpha]\sin\beta-\sigma_a r\mathrm{d}r\mathrm{d}\alpha\mathrm{d}\beta=0 \\ [(\sigma_r+\mathrm{d}\sigma_r)(r+\mathrm{d}r)(\rho+\mathrm{d}\rho)\mathrm{d}\beta\mathrm{d}\alpha-\sigma_r r\rho\mathrm{d}\beta\mathrm{d}\alpha]\sin\beta+ \\ [(\sigma_\beta+\mathrm{d}\sigma_\beta)(\rho+\mathrm{d}\rho)\mathrm{d}r\mathrm{d}\alpha-\sigma_\beta\rho\mathrm{d}r\mathrm{d}\alpha]\cos\beta=0 \end{cases} \tag{6-43}$$

将公式(6-43)所示的方程组简化,可以得到

$$\rho\mathrm{d}\sigma_\beta+\sigma_\beta\mathrm{d}\rho=-\sigma_a r\mathrm{d}\beta\sin\beta \tag{6-44}$$

由于 ρ 和 ρ_0、β 之间存在如下关系:

$$\rho=\rho_0+r\cos\beta-\left(\frac{h}{2}+r\cos\beta_0\right) \tag{6-45}$$

进而可以得到

$$\mathrm{d}\rho=-r\sin\beta\mathrm{d}\beta \tag{6-46}$$

将公式(6-44)和公式(6-46)联立,可得

$$\mathrm{d}\sigma_\beta=\frac{r}{\rho}\sin\beta(\sigma_\beta-\sigma_a)\mathrm{d}\beta \tag{6-47}$$

假设弯曲过程中,管材横截面不发生畸变,则可以认为 $\varepsilon_\beta=0$。进而可以得到

$$\begin{cases} \sigma_\beta=\frac{\sigma_a+\sigma_r}{2} \\ \\ \sigma_a-\sigma_r=-\frac{2}{\sqrt{3}}\bar{\sigma} \\ \\ \sigma_\beta-\sigma_a=\frac{1}{\sqrt{3}}\bar{\sigma} \end{cases} \tag{6-48}$$

将公式(6-47)和公式(6-48)联立,可得

$$\mathrm{d}\sigma_a+\mathrm{d}\left(\frac{\bar{\sigma}}{\sqrt{3}}\right)=\frac{r}{\rho}\sin\beta(\sigma_\beta-\sigma_a)\mathrm{d}\beta \tag{6-49}$$

进而可以得到

$$\mathrm{d}\sigma_a=-\frac{1}{\sqrt{3}}\left(\mathrm{d}\bar{\sigma}-\bar{\sigma}\frac{r}{\rho}\sin\beta\mathrm{d}\beta\right) \tag{6-50}$$

此处假定材料的应力应变关系为 $\bar{\sigma}=K\varepsilon^n$,管材应力应变中性层和几何中心保持不变,则可以认为

$$\bar{\varepsilon}=|\varepsilon_a|=\left|\ln\frac{\rho}{\rho_0}\right| \tag{6-51}$$

将公式(6-51)代入公式(6-50),可得

$$\sigma_a = -\frac{K}{\sqrt{3}} \left| \ln\left(\frac{\rho}{\rho_0}\right) \right|^n + \int_0^{\beta_0} \frac{K}{\sqrt{3}} \frac{r}{\rho} \left| \ln\left(\frac{\rho}{\rho_0}\right) \right|^n \sin\beta \mathrm{d}\beta \qquad (6\text{-}52)$$

依据塑性弯曲理论,外力所做的功 T 可以表示为

$$T = t \int_0^{\beta_0} |\sigma_a| \Delta l_a r \mathrm{d}\beta = t \int_0^{\beta_0} |\sigma_a| r [r(\cos\beta - \cos\beta_0)] \alpha_0 \mathrm{d}\beta \qquad (6\text{-}53)$$

6.3.5　矩形管绕弯最小弯曲半径的计算

将公式(6-52)代入公式(6-53),即可求得如下关系式:

$$\frac{(\rho_0 - h/2)h}{2\pi^2} \left(\frac{K_1}{\alpha_0} m_{cr}^2 + \alpha_0 K_2 + \frac{\alpha_0^3 K_3}{m_{cr}^2} \right) = t \int_0^{\beta_0} |\sigma_a| r [r(\cos\beta - \cos\beta_0)] \mathrm{d}\beta$$

$$(6\text{-}54)$$

通过积分和进一步简化,公式(6-54)可以表示为

$$C_0 + C_1\rho + C_2\rho^2 + C_3\rho^3 + C_4\rho^4 = 0 \qquad (6\text{-}55)$$

式中,各常数的计算方法如下:

$$C_0 = \frac{E_r^2 t^4 b^2}{12(1-\mu^2)^2} - \left\{ \frac{t^2 E_r b}{6(1-\mu^2)} - \frac{Kbnh^2}{64} \left[(\ln 2)^{n-1} - (n-1)(\ln 2)^{n-2} \right] \right\}^2$$

$$C_1 = \frac{Kbnh}{8} \left[2(\ln 2)^{n-1} - (n-1)(\ln 2)^{n-2} \right] \left\{ \frac{t^2 E_r b}{6(1-\mu^2)} - \frac{Kbnh^2}{64} \right.$$

$$\left[(\ln 2)^{n-1} - (n-1)(\ln 2)^{n-2} \right] \right\}$$

$$C_2 = \frac{E_s E_r t^2 b^2}{(1-\mu^2)^2} - \frac{E_r^2 t^4 \pi^2 \mu}{6(1-\mu^2)^2} - \left\{ \frac{Kbnh}{16} \left[2(\ln 2)^{n-1} - (n-1)(\ln 2)^{n-2} \right] \right\}^2 -$$

$$\left\{ \frac{Kb}{4} \left[(\ln 2)^n - \frac{3n}{4}(\ln 2)^{n-1} + \frac{n(n-1)}{4}(\ln 2)^{n-2} \right] - \frac{t^2 \pi^2 E_r}{6b(1-\mu^2)} \right\} \times$$

$$\left\{ \frac{t^2 E_r b}{3(1-\mu^2)} - \frac{Kbnh^2}{32} \left[(\ln 2)^{n-1} - (n-1)(\ln 2)^{n-2} \right] \right\}$$

$$C_3 = \frac{Kbnh}{8} \left[2(\ln 2)^{n-1} - (n-1)(\ln 2)^{n-2} \right] \times \left\{ \frac{t^2 \pi^2 E_r}{6b(1-\mu^2)} - \right.$$

$$\left. \frac{Kb}{4} \left[(\ln 2)^n - \frac{3n}{4}(\ln 2)^{n-1} + \frac{n(n-1)}{4}(\ln 2)^{n-2} \right] \right\}$$

$$C_4 = \frac{E_r^2 t^4 \pi^4}{12b^2 (1-\mu^2)^2} - \left\{ \frac{Kb}{4} \left[(\ln 2)^n - \frac{3n}{4} (\ln 2)^{n-1} + \frac{n(n-1)}{4} (\ln 2)^{n-2} \right] - \frac{t^2 \pi^2 E_r}{6b(1-\mu^2)} \right\}$$

通过求解公式(6-55)可以获得 ρ 的值,进而可以依据公式(6-56)计算出不起皱时的最小弯曲半径。

$$\rho_{0\min} = \rho + h/2 \qquad\qquad (6\text{-}56)$$

6.4 重要参数对管材绕弯失稳起皱的影响规律

6.4.1 几何参数对起皱最小弯曲半径的影响规律

参考文献[73]采用了 0Cr18Ni9 不锈钢和 3A21O 铝合金两种材料来分析几何参数对圆管绕弯起皱最小弯曲半径的影响规律。计算结果如图 6-7 和图 6-8 所示,起皱最小弯曲半径随着管材半径的增大而增大,随着管材厚度的增大而减小。在相同管材半径和厚度的条件下,0Cr18Ni9 不锈钢管材的起皱最小弯曲半径大于 3A21O 铝合金管材的起皱最小弯曲半径。

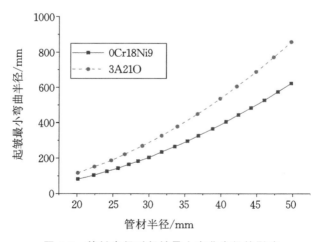

图 6-7   管材半径对起皱最小弯曲半径的影响

参考文献[73]采用了 3A21O 铝合金材料来分析几何参数对矩形管绕弯起皱最小弯曲半径的影响规律。计算结果如图 6-9 和图 6-10 所示,起皱最小弯曲半径随着 t/b 和 t/h 的增大而减小。

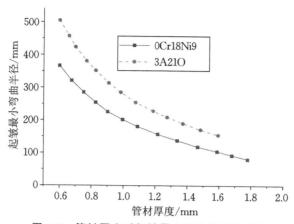

图 6-8　管材厚度对起皱最小弯曲半径的影响

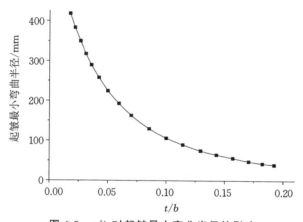

图 6-9　t/b 对起皱最小弯曲半径的影响

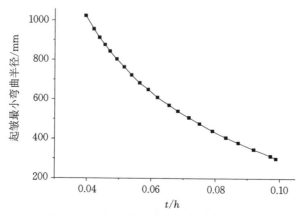

图 6-10　t/h 对起皱最小弯曲半径的影响

6.4.2 材料参数对起皱最小弯曲半径的影响规律

参考文献[18]还分析了弹性模量对起皱最小弯曲半径的影响规律,如图 6-11 所示,起皱最小弯曲半径随着材料弹性模量的增大而逐渐减小。参考文献[73]和参考文献[18]分别针对圆管和矩形管分析了强度系数 K 和硬化指数 n 对起皱最小弯曲半径的影响规律。如图 6-12 和图 6-13 所示,起皱最小弯曲半径随着强度系数 K 的增大而增大,随着硬化指数 n 的增大而减小。

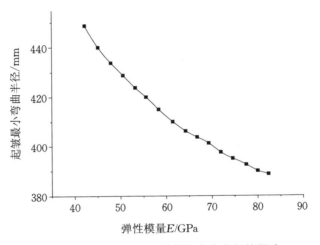

图 6-11 弹性模量对起皱最小弯曲半径的影响

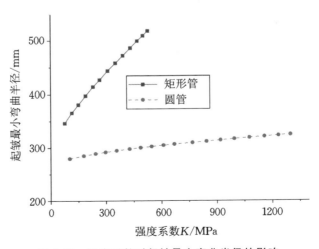

图 6-12 强度系数对起皱最小弯曲半径的影响

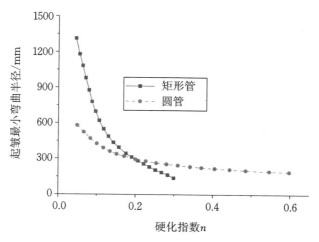

图 6-13　硬化指数对起皱最小弯曲半径的影响

6.4.3　其他工艺参数对绕弯失稳起皱的影响规律

力学解析模型的求解优势在于能够揭示失稳起皱行为随着某些参数的变化规律。但是力学解析模型也存在诸多缺陷,例如在进行简化建模时可能会忽略重要的影响因素,导致模型可靠性下降。对于管材绕弯成形而言,其成形过程极其复杂,成形缺陷除了受管材截面尺寸、材料参数的影响外,还会受到模具结构、摩擦、工艺参数等因素的影响。而这些因素对绕弯成形起皱的影响规律很难通过力学解析模型来揭示,因此,数值模拟模型在管材绕弯成形工艺研究过程中也起着重要作用。

参考文献[74]采用数值模拟法研究了工艺参数对圆管绕弯成形起皱的影响规律。作者以 1Cr18Ni9Ti 圆管(直径 $D=20$ mm,相对弯曲半径 $\rho/D=3.0$,厚度 $t=1.0$ mm)为分析对象进行研究,弯曲角度为 180°。管材的起皱程度用起皱区域半波的脱模高度 Δh 表示,其值越大则起皱越严重。图 6-14 所示为弯曲模与管材之间的间隙 c 对起皱高度 Δh 的影响,横轴中的角度 φ 指的是从压紧模到夹钳末端的角度。从图中可以看出,当弯曲模与管材之间的间隙 c 变大时,管材起皱现象变得更加明显。这是因为弯曲模与管材之间的间隙 c 为管材的起皱提供了更多的空间,模具与管材内侧的接触面积减小导致更多的逆弯曲负载集中在该区域,从而增大了切向压缩应力。图 6-15 所示为弯曲速度 ω 对起皱高度 Δh 的影响。随着弯曲速度 ω 的增大,管材起皱现象变得更加明显。这是因为随着弯曲速度的增大,材料的流动滞后表现得越来越明显,最终导致材料在弯曲模具的内侧堆积,进而产生更严重的起皱。图 6-16 所示为相对弯曲半径 ρ/D 对起皱高度的影响。随着相对弯曲半径 ρ/D 的减小,起皱表现得更加明显。这是因为当薄壁管相对弯曲半径较小时,较大的局部压缩变形导致材料堆积和流动性受阻,从而使管材在切向方向强压缩应力的作用下发生起皱。

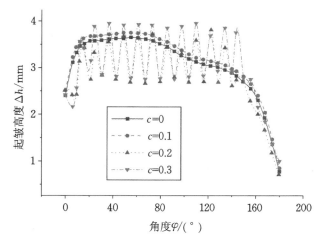

图 6-14　弯曲模-管材间隙对起皱高度的影响

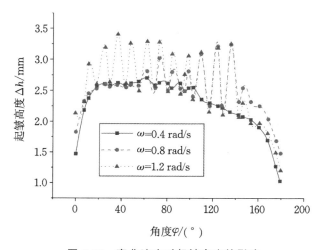

图 6-15　弯曲速度对起皱高度的影响

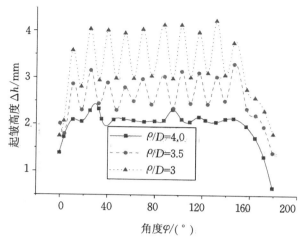

图 6-16　相对弯曲半径对起皱高度的影响

　　图 6-17 所示为不同助推速度下摩擦系数 μ 对起皱高度的影响,其中 V_p 为压紧模的助推速度,V_b 为弯曲模的转动线速度,$V_b = \rho\omega$。在同样的弯曲条件下,$V_p = 1.0V_b$ 时管材的起皱程度比 $V_p = 0.9V_b$ 时的起皱程度更加严重。当 $V_p = 0.9V_b$ 时,随着摩擦系数 μ 的增大,管材起皱程度有减小的趋势。当 $V_p = 1.0V_b$ 时,在不同的摩擦系数条件下均会出现起皱现象。这可能是因为该情况下的摩擦效应导致切向压缩应力增大,即使摩擦系数相对较小,也会使管材产生大量的褶皱。

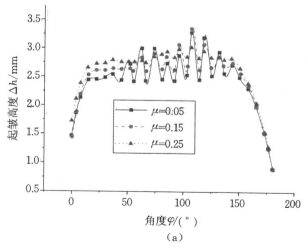

(a)

图 6-17　摩擦系数对起皱高度的影响

(a)$V_p = 0.9V_b$;(b)$V_p = 1.0V_b$

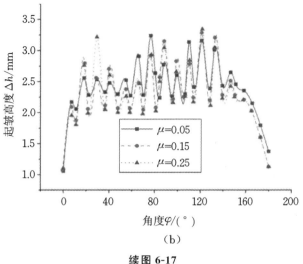

（b）

续图 6-17

图 6-18 所示为助推位移对起皱高度的影响，L_p 为压紧模上的助推位移，L_t 为管材在绕弯过程中的切向线位移，$L_p = nL_t$，n 为缩放系数。在整个弯曲过程中，助推可以在一定程度上减轻管材外壁变薄现象，但也可能导致内壁增厚，甚至增加内侧的屈曲和起皱。从图 6-18 可以看出，随着助推位移的减小，管材起皱程度有减轻趋势。

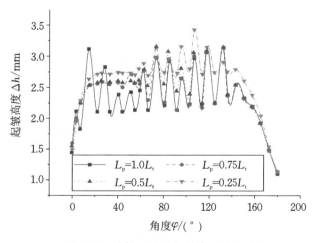

图 6-18　助推位移对起皱高度的影响

参考文献[75]采用数值模拟法研究了工艺参数对矩形管绕弯成形起皱的影响规律，分别用 Δh_{max} 和 Δb_{max} 表示矩形管起皱时内侧法兰和侧面的最大起皱高度。

图 6-19 所示为矩形管的宽高比对起皱高度的影响,将矩形管截面高度 h 设定为 20 mm,通过改变截面宽度值 b 来改变宽高比。研究发现,最大起皱高度 Δh_{max} 和 Δb_{max} 均随着宽高比 b/h 的增大而增大,内侧法兰起皱要比侧面起皱严重。该现象可以解释为:①弯曲过程中,矩形管的侧面和内侧法兰相互限制,随着 b/h 的增大,侧面对内侧法兰的支撑作用变小,更容易发生起皱;②在截面高度 h 保持不变的情况下,随着宽度 b 的增大,截面尺寸增大,矩形管的截面变形阻力减小,更容易发生起皱。

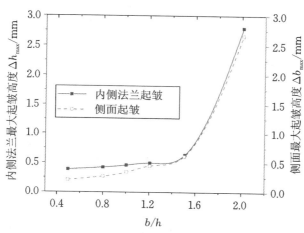

图 6-19　矩形管的宽高比对最大起皱高度的影响

图 6-20 和图 6-21 所示分别为相对弯曲半径 R/h 对内侧法兰和侧面最大起皱高度的影响规律。随着相对弯曲半径 R/h 的增大,内侧法兰最大起皱高度 Δh_{max}

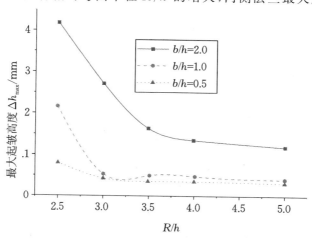

图 6-20　相对弯曲半径对内侧法兰最大起皱高度的影响

和侧面最大起皱高度 Δb_{max} 均呈现减小趋势。这主要是因为材料变形程度随相对弯曲半径 R/h 的增大而减小,导致起皱区域的压缩应力减小。

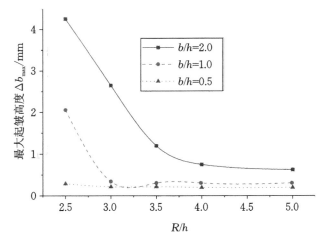

图 6-21　相对弯曲半径对侧面最大起皱高度的影响

6.5　管材绕弯失稳起皱缺陷的抑制策略

6.5.1　调整工艺参数来抑制起皱缺陷

如图 6-8 所示,管材绕弯起皱最小弯曲半径随着管材厚度的增大而逐渐减小。因此在弯曲半径不变的条件下,适当增大管材厚度可以有效抑制绕弯起皱缺陷。在材料参数方面,如图 6-11 至图 6-13 所示,增大材料的弹性模量和硬化指数,或者减小材料强度系数,均可以使绕弯起皱最小弯曲半径减小,因此可以通过热处理改变材料的力学性能参数,进而达到抑制绕弯失稳起皱的目的。

绕弯成形工艺参数对起皱缺陷的影响巨大。如图 6-14 至图 6-18 所示,适当减小弯曲模与管材之间的间隙 c、减小弯曲模绕弯速度 ω 和增大相对弯曲半径 ρ/D 均能够有效抑制绕弯起皱缺陷;当压紧模助推速度小于弯曲模速度($V_p = 0.9V_b$)时,适当增大摩擦系数 μ 能够有效抑制管材绕弯起皱缺陷。

此外,对于矩形管材而言,减小宽高比 b/h 和增大相对弯曲半径 R/h 均可以有效抑制其起皱缺陷。

6.5.2　优化芯棒结构来抑制起皱缺陷

当芯球间距较大时,芯球对管材内壁的支撑效果比较差,管材更容易发生失稳起皱。因此,可以通过减小芯球间距、减小芯球宽度或者改进芯球结构等措施来改善其支撑稳定性。

例如,采用图 6-22 所示的两种芯棒方案进行绕弯成形数值模拟,模型中除了芯棒结构不一样之外,其他参数完全一样。弯曲过程中采用的管材外径为 40 mm,厚度为 1.0 mm。图 6-23 和图 6-24 所示为两种方案在弯曲半径为 50 mm 时的模拟结果,从图中可以看出,采用芯棒方案一时管材内壁与弯曲模之间发生明显脱离,而采用方案二时管材内壁与弯曲模之间仍然保持较好贴合,这说明了良好的芯棒结构在抑制管材绕弯起皱方面的重要作用。

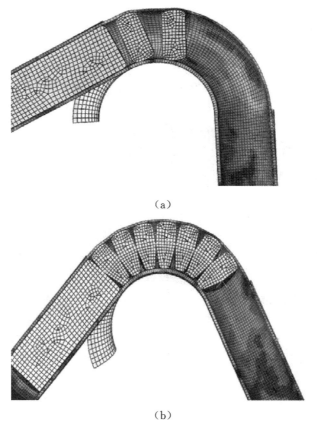

（a）

（b）

图 6-22　采用不同结构芯棒的绕弯工艺方案

（a）芯棒方案一；（b）芯棒方案二

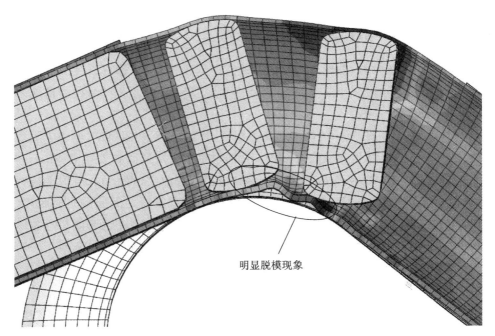

图 6-23　芯棒方案一绕弯数值模拟结果

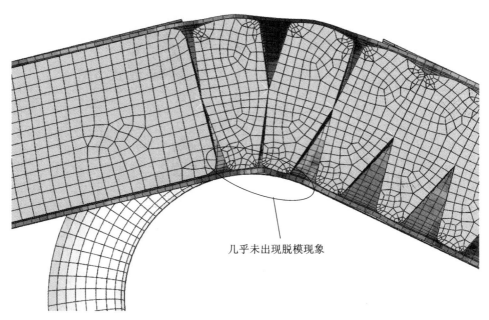

图 6-24　芯棒方案二绕弯数值模拟结果

6.6　本 章 小 结

　　本章阐述了现有文献中绕弯失稳起皱问题的研究现状,包括圆管和矩形管的失稳起皱问题。在圆管绕弯起皱问题研究方面,本章介绍了圆管绕弯失稳起皱特点,以起皱波作为描述方法,介绍了圆管失稳起皱最小弯曲半径的解析计算方法。在矩形管绕弯失稳起皱问题研究方面,本章介绍了矩形管绕弯失稳起皱波函数的建立方法以及最小弯曲半径的计算方法。此外,本章还总结了现有文献中圆管、矩形管绕弯成形失稳起皱问题的研究成果,分析了几何参数、材料参数等关键参数对管材失稳起皱最小弯曲半径的影响规律。最后总结现有文献中的研究成果,给出了抑制绕弯成形起皱缺陷的策略。

第7章 管材绕弯壁厚变化规律及缺陷抑制方法

7.1 管材绕弯过程中的壁厚减薄/增厚行为

当前,管材绕弯加工工艺中使用的管坯为等壁厚的拉拔管坯。在绕弯过程中,中性面外侧的材料承受着轴向拉应力,越靠近管材外侧,其轴向应变量越大,导致管材外侧壁厚明显减薄。与此同时,在弯曲中性面内侧的材料承受着轴向挤压应力,越靠近管材内侧,其轴向挤压应变越大,导致管材内侧厚度增加。管材绕弯壁厚减薄/增厚现象导致管件的结构强度下降,在进行气液输送时,其壁厚较薄区域可能发生爆裂。因此,探索管材绕弯壁厚减薄规律、提出行之有效的抑制策略是目前管材加工领域亟待解决的难题。

当前学术界对绕弯壁厚减薄问题的研究分为理论分析、数值模拟和试验三方面。其中,理论分析可以获得材料参数、几何尺寸等因素对壁厚变化的影响规律,数值模拟可以获得模具间隙、加工工艺参数等对壁厚变化的影响规律,而试验分析主要作为上述分析模型的验证手段。

7.2 圆管绕弯壁厚变化分析模型的研究现状

参考文献[54]和[76]给出了圆管绕弯过程中的壁厚变化规律,其中提出的模型基于如下假设:①弯曲过程中管材横截面不发生扁化畸变;②弯曲过程中的截面保持在一个平面上,截面的剪切变形可以忽略不计;③材料在弯曲过程中不可压缩。

根据平面应变假设,弯曲过程中,切向应变 ε_θ、周向应变 ε_φ 和径向应变 ε_ρ 的计算方法如下:

$$\begin{cases} \varepsilon_\theta = \ln \dfrac{\rho + R\sin\varphi}{\rho_\varepsilon} = \ln \dfrac{\rho}{\rho_\varepsilon} \\[2mm] \varepsilon_\varphi = 0 \\[2mm] \varepsilon_\rho = \ln \dfrac{t}{t_0} \end{cases} \qquad (7\text{-}1)$$

式中，ρ_0 和 ρ_ε 分别为弯曲前后管材轴线到中性层的半径，ρ 为管材纤维层处的弯曲半径，R 为管材上任一点到轴线的距离，t_0 和 t 分别为管材初始厚度和弯曲后的厚度。

根据材料体积保持不变的假设，可以得到

$$\varepsilon_\theta = -\varepsilon_\rho \qquad (7\text{-}2)$$

7.2.1　不考虑中性层内移的求解结果

在不考虑中性层内移的条件下，可以得到管材截面最外侧（$\varphi = \pi/2$）参数满足如下关系：

$$\ln \frac{\rho + R_0 - (t_0 - t)}{\rho} = -\ln \frac{t}{t_0} \qquad (7\text{-}3)$$

式中，R_0 为管材半径，$R_0 = D_0/2$。将 $t_0 - t$ 记作壁厚变化量 Δt_0。公式（7-3）可以进一步简化为如下形式：

$$\Delta t_0^2 - (\rho + R_0 + t_0)\Delta t_0 + R_0 t_0 = 0 \qquad (7\text{-}4)$$

对公式（7-4）进行求解，可以得到

$$\Delta t_0 = \frac{D_0}{2}\left[\frac{1}{2} + \frac{\rho + t_0}{D_0} - \sqrt{\left(\frac{1}{2} + \frac{\rho + t_0}{D_0}\right)^2 - \frac{2t_0}{D_0}} \right] \qquad (7\text{-}5)$$

进而可以求得截面最外侧的壁厚减薄率为

$$\frac{\Delta t_0}{t_0} = \frac{D_0}{2t_0}\left[\frac{1}{2} + \frac{\rho + t_0}{D_0} - \sqrt{\left(\frac{1}{2} + \frac{\rho + t_0}{D_0}\right)^2 - \frac{2t_0}{D_0}} \right] \qquad (7\text{-}6)$$

同理，管材截面最内侧因弯曲而增厚，增厚率可以表示为

$$\frac{\Delta t_i}{t_0} = \frac{D_0}{2t_0}\left[\sqrt{\left(\frac{1}{2} + \frac{\rho + 2t_0}{D_0}\right)^2 - \frac{2t_0}{D_0}} - \left(\frac{1}{2} + \frac{\rho + 2t_0}{D_0}\right) \right] \qquad (7\text{-}7)$$

7.2.2　考虑中性层内移的求解结果

考虑到弯曲过程中管材中性层发生偏移，可以得到管材截面最外侧（$\varphi = \pi/2$）参数满足如下关系：

$$\ln \frac{\rho_\varepsilon + R_0(1-\cos\alpha)-(t_0-t)}{\rho_\varepsilon} = -\ln \frac{t}{t_0} \qquad (7\text{-}8)$$

将 t_0-t 记作壁厚变化量 Δt_0，公式(7-8)可以进一步简化为如下形式：

$$\Delta t_0^2 - [\rho_\varepsilon + R_0(1-\cos\alpha)+t_0]\Delta t_0 + R_0 t_0(1-\cos\alpha) = 0 \qquad (7\text{-}9)$$

对公式(7-9)进行求解，可以得到截面最外侧的壁厚减薄率为

$$\frac{\Delta t_0}{t_0} = \frac{D_0}{2t_0}\left[\frac{1}{2}+\frac{\rho_\varepsilon+t_0}{D_0}-\sqrt{\left(\frac{1}{2}+\frac{\rho_\varepsilon+t_0}{D_0}\right)^2-\frac{2t_0}{D_0}(1-\cos\alpha)}\right] \qquad (7\text{-}10)$$

同理，管材截面最内侧因弯曲而增厚，增厚率可以表示为

$$\frac{\Delta t_i}{t_0} = \frac{D_0}{2t_0}\left[\sqrt{\left(\frac{\rho_\varepsilon+2t_0}{D_0}-\frac{1}{2}\right)^2+\frac{2t_0}{D_0}\left(1+\cos\alpha-\frac{2t_0}{d_0}\right)}-\left(\frac{\rho_\varepsilon+2t_0}{D_0}-\frac{1}{2}\right)\right]$$

$$(7\text{-}11)$$

7.3 重要参数对管材绕弯壁厚变化的影响规律

7.3.1 工艺参数对壁厚变化的影响规律

参考文献[76]和[54]分别给出了考虑中性层偏移和不考虑中性层偏移条件下相对弯曲半径对管材内侧壁厚增厚率的影响规律。如图 7-1 所示，随着相对弯曲半径的增大，管材内侧壁厚增厚率呈下降趋势，该趋势与参考文献[13]所述的数值模拟结果相一致。参考文献[13]还通过数值模拟给出了壁厚减薄率随弯曲角度的变

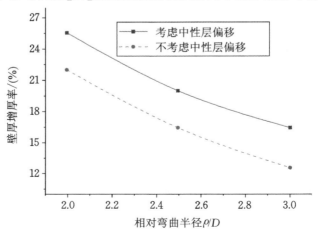

图 7-1 相对弯曲半径对壁厚增厚率的影响

化规律,如图 7-2 所示,当弯曲角度较小时,最大壁厚减薄率随着弯曲角度的增大而增大。当弯曲角度增大到一定程度时,壁厚减薄率不再随弯曲角度的增大而变化,而在弯曲角度的中间区域相对保持稳定,该趋势与参考文献[76]和[11]所述规律相一致。

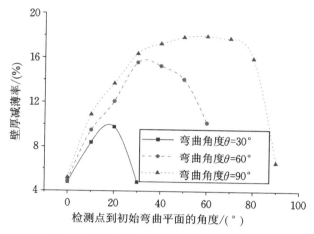

图 7-2　壁厚减薄率随弯曲角度的变化规律

参考文献[13]还研究了芯棒伸出量、芯球数量和助推对管材绕弯壁厚减薄率的影响规律。如图 7-3 至图 7-5 所示,随着芯棒伸出量和芯球数量的增大,壁厚减薄率也逐渐增大,而助推有利于进一步降低弯管壁厚减薄率,该趋势与参考文献[11]所述规律相一致。

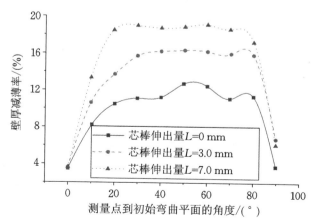

图 7-3　芯棒伸出量对壁厚减薄率的影响

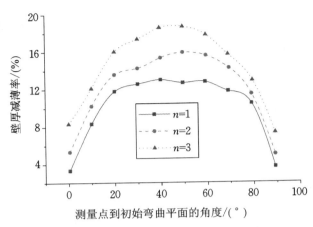

图 7-4　芯球数量对壁厚减薄率的影响

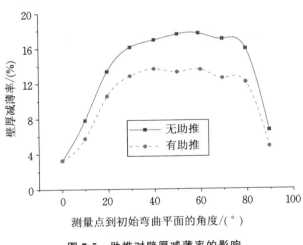

图 7-5　助推对壁厚减薄率的影响

　　参考文献[12]研究了管材壁厚、模具间隙和摩擦系数对管材绕弯壁厚减薄率的影响规律。如图 7-6 至图 7-8 所示,随着管材壁厚和模具间隙的增大,壁厚减薄率有下降趋势,而管材与防皱模摩擦系数对壁厚减薄率几乎无影响。

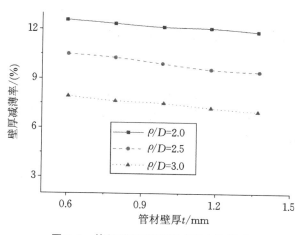

图 7-6　管材壁厚对壁厚减薄率的影响

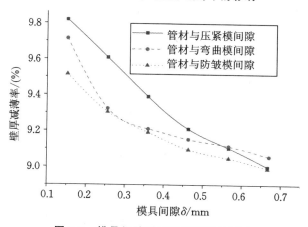

图 7-7　模具间隙对壁厚减薄率的影响

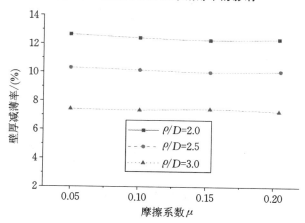

图 7-8　管材与防皱模的摩擦系数对壁厚减薄率的影响

7.3.2 材料参数对壁厚变化的影响规律

参考文献[77]通过试验研究了管材绕弯壁厚减薄率与材料特性之间的关系。如图 7-9 和图 7-10 所示,随着硬化指数的增大,壁厚减薄率呈逐渐上升趋势。而随着屈强比(σ_S/σ_B)的增大,壁厚减薄率呈逐渐下降趋势。当材料的屈强比为定值时,强度极限的值越大,壁厚减薄率越大。

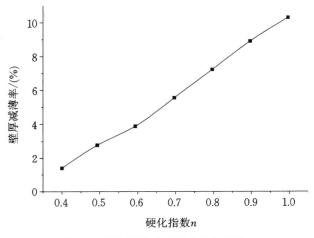

图 7-9 硬化指数对壁厚减薄率的影响

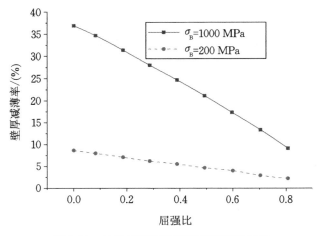

图 7-10 材料屈强比对壁厚减薄率的影响

7.3.3　其他重要参数对壁厚变化的影响规律

参考文献[78]研究了偏心管绕弯成形过程,分析了管材壁厚变化规律及最佳偏心量随工艺参数的变化规律。作者以直径为 $\phi 40$ mm、厚度为 1.5 mm 的管材作为数值模拟对象,研究不同偏心量条件下管材的壁厚分布情况,图 7-11 和图 7-12所示壁厚分布是弯曲半径为 80 mm、弯曲角度为 2.0 rad 时的数值模拟结果。从图中可以看出,当偏心量 $\delta = 0.3$ mm 时,管材的壁厚值与初始壁厚值较为接近。

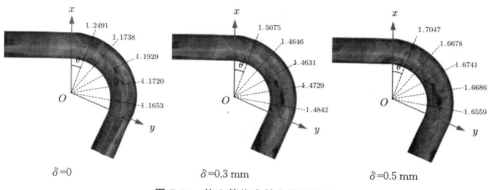

图 7-11　偏心管绕弯轴向厚度分布

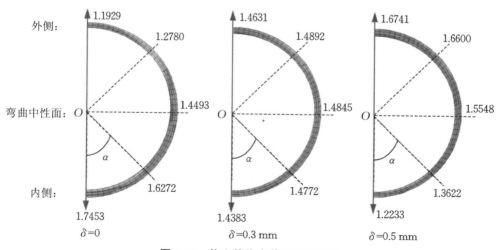

图 7-12　偏心管绕弯截面厚度分布

177

图 7-13 显示了偏心量 $\delta = 0.3$ mm 时管材壁厚随轴向角度 θ 和周向角度 α 的变化规律,从图中可以看出管材壁厚值在 $1.42 \sim 1.52$ mm 之间(即厚度分布区间长度约为 0.1 mm)。图 7-14 显示了厚度分布区间长度随偏心量的变化规律,可以看到随着偏心量的增大,厚度分布区间长度先减小后增大。这说明管材在弯曲过程中存在一个较佳的偏心量,当偏心量设定合适时,能够获得壁厚分布比较接近的管件(即等壁厚管件)。

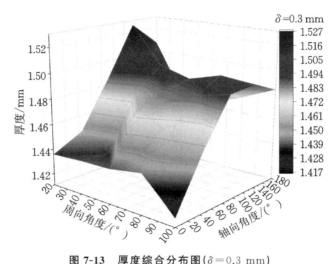

图 7-13　厚度综合分布图($\delta = 0.3$ mm)

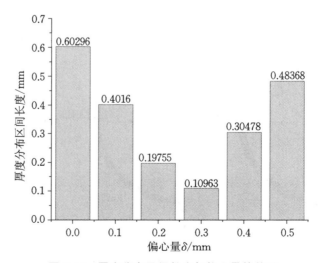

图 7-14　厚度分布区间长度与偏心量的关系

管材弯曲时的最佳偏心量与弯曲半径、弯曲角度和管材截面尺寸等多种因素有关。图 7-15 和图 7-16 分别显示了管材壁厚和直径对弯曲半径和最佳偏心量之间关系的影响。从图中可以看出随着弯曲半径的增大,最佳偏心量呈减小趋势。随着管材壁厚和直径的增大,最佳偏心量呈增大趋势。

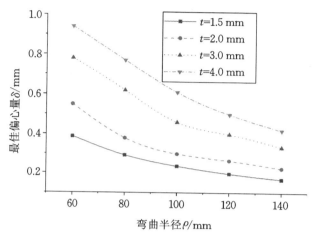

图 7-15　壁厚对最佳偏心量的影响($D=40$ mm)

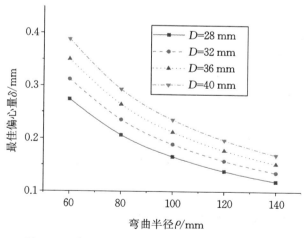

图 7-16　直径对最佳偏心量的影响($t=1.5$ mm)

以弯曲角度的中分线处作为数据提取点,分析最佳偏心量随弯曲角度的变化规律。从图 7-17 可以看出,当弯曲角度较小时,最佳偏心量处于不稳定状态,随着弯曲角度的增大,最佳偏心量逐渐增大。当弯曲角度增大到某种程度后,最佳偏心量不再随弯曲角度发生变化。

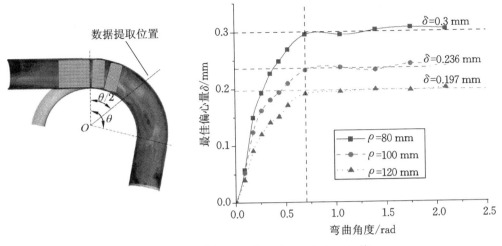

图 7-17 最佳偏心量随弯曲角度的变化规律

7.4 管材绕弯壁厚变化的抑制策略

7.4.1 基于同心管坯绕弯的壁厚变化抑制策略

如图 7-3 至图 7-5 所示,随着芯棒伸出量和芯球数量的增大,壁厚减薄率也逐渐增大,而助推有利于进一步减小壁厚减薄率。因此可以从减小芯棒伸出量和芯球数量、增加助推等方面入手减小管材壁厚减薄率,但此类措施可能导致管材横截面畸变更为严重。模具间隙的增大也可以减小壁厚减薄率,但应保证绕弯过程中不发生起皱。除此之外,也可以通过热处理工艺减小材料硬化指数、增大材料屈强比等手段抑制壁厚减薄,但此类措施也会导致管材横截面畸变更加严重。

7.4.2 用局部偏心管坯实现等壁厚管件的绕弯成形

等壁厚管件即绕弯成形后管材外侧与内侧壁厚相等的管件。参考文献[78]提出了一种用局部偏心管坯替代传统同心管坯来实现等壁厚管件绕弯成形的方法。偏心管坯的制造方法有很多,在这里重点介绍三种工艺:内镗孔工艺、预压磨削工艺和摩擦焊接工艺。

　　当管材长度不长时,可以使用内镗孔工艺加工局部偏心管坯。内镗孔工艺如图 7-18 所示,以厚壁管材为初始毛坯,采用镗刀或砂轮沿图中所示轨迹对管材内壁进行切削加工。在直段区域,镗刀轴线与内孔轴线重合。在弯曲区域,镗刀轴线与内孔轴线之间存在偏心量 δ。加工完成后便可得到局部偏心管。

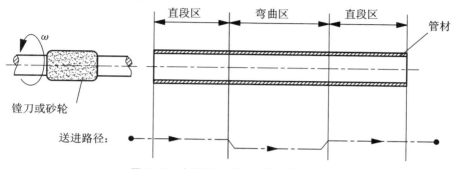

图 7-18　内镗孔工艺加工局部偏心管

　　当管材长度较长时,可以采用预压磨削工艺进行局部偏心管坯的加工。预压磨削工艺如图 7-19 所示,以厚壁管材作为初始毛坯,在压力机上对弯曲区域进行预压加工,使弯曲区域轴线与直段区域轴线之间产生偏心量 δ。最后在数控磨床上对管材外径进行磨削加工,消除弯曲段与直段之间的外径偏差。

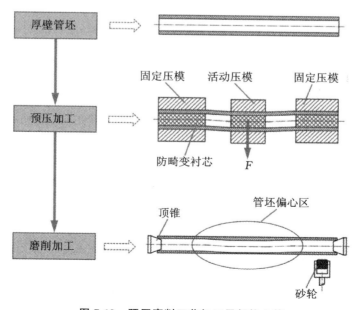

图 7-19　预压磨削工艺加工局部偏心管

此外,也可以通过摩擦焊接工艺生产局部偏心管。以厚壁管材作为初始毛坯,焊接时直段与弯曲段轴线之间存在偏心量 δ,焊接后在数控磨床上对管材外径进行磨削加工,消除弯曲段与直段之间的外径偏差。与预压磨削工艺相比,摩擦焊接工艺所成形的局部偏心管具有精度高、效率高等优点,可作为将来生产局部偏心管的首选工艺。

将局部偏心管坯安装到数控弯管机上,安装时需要保证管材壁厚最薄处与弯曲模接触,且壁厚最薄处位于弯曲平面内。绕弯成形后,管材外侧材料伸长量大于内侧材料伸长量,导致外侧壁厚值减小。若偏心量设定合理,便可以成形内外侧壁厚相等的管件。

7.5 本章小结

本章阐述了现有文献中绕弯壁厚减薄问题的研究现状,总结了现有文献中管材绕弯成形壁厚减薄问题的研究成果。分析了工艺参数、材料参数等关键参数对管材壁厚减薄率的影响规律。最后通过总结现有文献中的研究成果,给出了抑制绕弯壁厚减薄缺陷的策略。

第8章 结论与展望

8.1 结 论

薄壁管材绕弯成形过程是一个集材料非线性、几何非线性和边界条件非线性于一体的复杂成形过程。成形过程涉及回弹、横截面畸变、失稳起皱和壁厚减薄（破裂）等诸多缺陷，这些缺陷会导致管件几何尺寸偏离设计值，整体结构强度下降。绕弯成形缺陷抑制技术是工程界尚未完全解决的技术难题，也是金属塑性加工领域的研究热点。

本书从理论解析、有限元数值模拟和工程实践等多方面入手，总结了现有文献中管材绕弯成形工艺的研究成果，并提出了笔者本人对绕弯成形缺陷抑制问题的看法。

在绕弯回弹问题研究方面，现有文献中相关学者先后构建了理想弹塑性模型、弹塑性指数硬化模型、弹塑性线性硬化模型和数值模拟模型等，研究对象涉及圆管、矩形管和异形管。研究成果表明：管材几何参数、材料参数和工艺参数均是影响绕弯回弹角度的重要因素。在几何参数方面，管材直径 D 的增大或厚度 t 的减小均会导致回弹角度逐渐增大。在材料参数方面，当弯曲角度为定值时，随着强度系数 K 的增大，回弹角度逐渐增大，而随着弹性模量 E、硬化指数 n 和泊松比 μ 的增大，回弹角度逐渐减小。此外相对弯曲半径 ρ/D 对回弹也有影响，当弯曲角度为定值时，随着相对弯曲半径 ρ/D 的增大，回弹角度逐渐增大。

在绕弯横截面畸变问题研究方面，现有文献中相关学者先后构建了圆管扁化畸变、矩形管凹陷畸变的解析求解模型和数值模拟模型。研究成果表明：在工艺参数方面，采用圆头型芯棒时的横截面畸变率比采用圆柱型芯棒时的更小。当芯棒直径减小时，芯棒与管材之间的间隙增大，管材横截面畸变率也随之增大。当芯棒伸出量增大时，管材横截面畸变率随之减小。随着弯曲半径的增大，管材横截面畸变程度有所减小，而随着弯曲速度的增大，管材横截面畸变程度有所增大。芯球数量对管材横截面畸变程度的影响非常大，无芯球时管材横截面最大畸变率可达50%以上，随着芯球数量的增加，管材横截面最大畸变率急剧下降。压紧模助推速度对管材横截面畸变也有影响,随着助推速度的增大,管材横截面畸变程度有减小的趋势。在材料参数方面,随着弹性模量 E 和硬化指数 n 的增大,横截面畸变量呈下降趋势。而随着强度系数 K、屈服应力 σ_S 和各向异性指数 r 的增大,横截面畸变量呈上升增大。

在绕弯失稳起皱问题研究方面,现有文献中相关学者先后构建了圆管和矩形管绕弯失稳起皱分析模型和数值模拟模型。研究结果表明:在几何参数方面,起皱最小弯曲半径随着管材半径的增大而增大,随着管材厚度的增大而减小。在材料参数方面,起皱最小弯曲半径随着材料弹性模量 E 和硬化指数 n 的增大而逐渐减小,随着强度系数 K 的增大而逐渐增大。在工艺参数方面,当弯曲模与管材之间的间隙变大时、弯曲速度增大时或相对弯曲半径减小时,管材起皱现象变得更加明显。当助推速度小于弯曲速度时,随着摩擦系数的增大或助推位移的减小,管材起皱程度有减小的趋势。对于矩形管材而言,起皱高度随着宽高比 b/h 的增大而增大,内侧法兰起皱要比侧面起皱严重。随着相对弯曲半径 ρ/D 的增大,内侧法兰起皱高度和侧面起皱高度均呈现减小趋势。

在绕弯壁厚减薄问题研究方面,现有文献中相关学者先后构建了不考虑中性层偏移和考虑中性层偏移的壁厚减薄分析模型和数值模拟模型。研究结果表明:在工艺参数方面,随着相对弯曲半径的增大,管材内侧壁厚增厚率呈减小趋势。随着芯棒伸出量和芯球数量的增大,壁厚减薄率也逐渐增大,而增大模具间隙或添加助推有利于进一步减小弯管壁厚减薄率。在材料参数方面,随着硬化指数 n 的增大,弯管壁厚减薄率呈逐渐增大趋势。而随着屈强比(σ_S/σ_B)的增大,弯管壁厚减薄率呈逐渐减小趋势。当材料的屈强比为定值时,强度极限 σ_B 的值越大,壁厚减薄率越大。

在缺陷抑制策略研究方面,回弹问题可以通过模具补偿或弯曲角度补偿来解决,在工程领域基本上已属于可控缺陷。横截面畸变问题可以通过增加芯球数量、缩小芯球间距、缩短芯球宽度和改进芯球结构来抑制,但是这些措施又可能导致管材壁厚减薄更加严重。起皱问题可以通过调整模具间隙和改变芯棒结构来抑制,而调整模具间隙和改变芯棒结构又可能导致管材壁厚减薄更加严重。管材壁厚减薄问题可以通过偏心管替代来解决。以偏心管代替同心管材进行绕弯成形试验,合理设定偏心量,最终获得等壁厚管件。因此,在实际工程中,可以将管材绕弯截面畸变和失稳起皱作为优先控制目标,通过改进芯棒结构、适当减小模具间隙来抑制这两种缺陷;然后合理设定局部偏心管的偏心量,来实现等壁厚弯管,消除壁厚减薄缺陷；最后通过补偿弯曲角度消除回弹缺陷的影响。

8.2　展　　望

　　现有文献资料中，关于圆管绕弯成形规律的研究已相对比较完善。近年来，管材绕弯成形问题的研究逐渐深入化，并逐渐向矩形管、异形管等复杂管型扩展。例如，参考文献[19]研究了 H 型截面的双脊矩形管材绕弯成形问题，提出了一种在脊槽中添加填充物来抑制横截面扭曲的方法。参考文献[65]分析了不同推力辅助水平下的矩形管材绕弯横截面变形和壁厚变化，并提出了合理的助推辅助条件。参考文献[66]研究了矩形焊接管绕弯过程中本构关系对横截面预测精度的影响。参考文献[67]分析了不同屈服准则下非均匀矩形焊接管的截面变形规律，通过数据对比确定了最适合描述焊接管绕弯横截面畸变规律的各向异性屈服准则。参考文献[35]研究了不同的屈服准则对 H 型截面双脊矩形管材绕弯变形预测结果的影响。参考文献[79]研究了铜-钛双金属复合管材绕弯成形问题，建立了考虑两管接触作用的回弹分析模型，研究了双金属复合管的切向应力、等效应力、等效应变和损伤值的变化规律。参考文献[80]研究了不同芯棒类型对"日"字形管材绕弯成形横截面畸变和起皱的影响规律，讨论了不同芯棒装置的改进方法和型材成形缺陷产生的原因。参考文献[81]研究了冷弯焊接区和弯角对绕弯过程中矩形焊接管起皱的影响。参考文献[82]提出了一种基于数字图像的激光跟踪绕弯回弹测量策略，将图像处理技术与制造过程集成，以实时跟踪变形和测量回弹角，消除了将工件转移到测量设备的需要。参考文献[83]研究了具有典型力学性能的不同填充材料和关键参数对双层间隙管绕弯起皱行为的影响。参考文献[84]建立了一种基于物理驱动 B 样条曲线拟合的铜-铝双金属管在绕弯条件下的全截面变形表征方法。参考文献[85]研究了 22MnB5 高强钢管高温绕弯成形热力耦合数值模拟模型，该模型可用于确定最佳的热力参数，以增加材料的可成形性并在最终部件中获得目标微观结构。参考文献[86]通过构建双层管绕弯数值模拟模型研究了双层配合管在绕弯过程中的起皱行为。在充分考虑几何非线性、接触非线性等因素的条件下，通过监控接触压力的直方图预测管材失稳起皱可能性。参考文献[87]提出了一种在弯管过程中独立防止起皱的模糊控制方法和裂纹的检测测量方法。在后续研究中，可将这些考虑了诸如起皱、破裂、回弹和型材伸长等质量特性的方法集成到控制器中。

近年来,研究者在塑性加工基础理论、材料微观组织性能、计算机仿真与检测技术方面也取得了较大的进步,而这些新技术、新方法也必将不断推动管材绕弯成形机理研究领域的进步。

例如,在铝合金材料微观组织和成形性能研究方面,参考文献[88]研究了高强铝合金 AA2024 和 AA6061 在搅拌摩擦渐进成形条件下的微观组织演化规律。研究发现,较小的步进下压量会增大循环变形程度,诱导形成位错割阶和位错环。高转速会引发热激活,促使更多的溶质原子填补空位并聚集,最终形成析出相;动态再结晶形成等轴晶粒和高角晶界,析出相分布在晶粒内部,防止晶粒裂纹的衍生。参考文献[89]研究了 7055 铝合金在不同热-力加载顺序下蠕变时效全过程中的形性演变。研究发现,在先施加外力再加热的条件下,加热阶段的外应力会促进溶质原子扩散和位错运动,加速晶内和晶界沉淀相的形核和长大;蠕变时效后能够获得更加均匀的晶内和晶界沉淀相,材料表现出更高的力学性能和耐腐蚀性。参考文献[90]研究了同步冷却热成形和自然时效处理的 AA2024 铝合金试件的微观组织变化,发现同步冷却热成形导致位错密度增加,晶粒中出现沉淀相 $CuMgAl2$。铝合金的主要强化机制是弥散相 $Cu2Mn3Al20$ 和沉淀相 $CuMgAl2$ 对位错和亚晶界的钉扎作用,以及位错之间的相互作用。材料屈服强度和抗拉强度与传统成形方法相比提升了 5% 以上。参考文献[91]分析了加热温度对 2024 铝合金管材组织及胀形性能的影响规律。当加热温度达到 300 ℃ 时,管材组织转变为细小等轴晶和大角度晶界的再结晶组织,组织均匀性显著改善。当加热温度达到 350～400 ℃ 时,管材晶粒显著增大并沿厚度方向分层分布,外层晶粒尺寸为内层的 4～6 倍。参考文献[92]研究了 2024/7055 异种高强铝合金搅拌摩擦焊接头微观组织性能的演变规律。研究发现,接头焊核区发生动态再结晶,形成较细的等轴晶组织,且平均晶粒尺寸随着旋转速度和下压量的增大、焊接速度的减小而增大。接头焊核区在高温和剧烈塑性变形过程中,母材中的部分沉淀相溶于 Al 基体中并再次析出。热影响区沉淀相的演化规律为粗化和部分溶解,且溶解程度低于焊核区。参考文献[93]分析了厚板铝合金在搅拌摩擦焊时焊接工艺对接头微观组织演变和力学性能的影响。研究发现,焊核区沿厚度方向存在一定的晶粒尺寸梯度,中心重叠区具有最小晶粒尺寸和较高比例的小角度晶界,最低硬度区呈现"双曲线"形分布并扩展至中心区,微观组织形貌和材料力学性能之间有较好的对应关系。上述研究成果有利于深入揭示铝合金材料微观组织与力学性能的关系,极大地促进了科学技术发展。

　　在材料塑性加工基础理论研究方面,各向异性屈服准则、成形极限和韧性断裂准则等问题的研究在近几年也取得了较大进展。参考文献[94]至[96]针对多轴复杂应力状态改进了 Mohr-Coulomb 椭圆断裂准则,该准则可以用来研究材料内禀参数 α 对断裂轨迹的影响规律,通过耦合各向异性屈服准则与改进的 Mohr-Coulomb 椭圆断裂判据,可以研究材料各向异性对高强铝合金断裂轨迹与成形极限的影响。参考文献[97]至[100]研究了高强板材塑性变形的屈服特性、成形极限和韧性断裂等关键基础问题。在屈服准则方面,参考文献[98]提出了一种在关联流动准则框架下的普适性各向异性屈服准则,该准则不仅可以预测材料的各向异性系数,还可以描述铝合金材料的拉压屈服应力非对称现象。在断裂准则方面,参考文献[99]和[100]提出了适用于大应力三轴度范围的韧性断裂准则,将该准则与 Johnson-Cook 断裂准则、Zener-Holloman 参数耦合,可以分析温度与应变速率对铝合金材料韧性断裂的影响规律。基于形函数概念,参考文献[101]在非关联流动法则下构造了一个完全解析的屈服准则框架,可以用来描述铝合金材料的非对称屈服和各向异性硬化行为。这些最新的研究成果,在不久的将来,也将会应用于管材绕弯成形工艺,提升对成形缺陷预测的准确度。

参 考 文 献

[1] KLEINER M，CHATTI S，KLAUS A. Metal forming techniques for lightweight construction[J]. Journal of Materials Processing Technology，2006，177(1-3):2-7.

[2] YANG H，LI H，ZHANG Z，et al. Advances and trends on tube bending forming technologies[J]. Chinese Journal of Aeronautics，2012，25(1):1-12.

[3] 张深. 小直径厚壁管材变曲率弯曲回弹控制研究[D]. 西安:西北工业大学，2014.

[4] 张增坤. 空间管件塑性成形回弹的预测及控制策略研究[D]. 西安:西北工业大学，2019.

[5] 李恒. 多模具约束下薄壁管数控弯曲成形过程失稳起皱行为研究[D].西安：西北工业大学，2007.

[6] 寇永乐. 铝合金薄壁管小弯曲半径数控弯曲成形的实验研究[D]. 西安:西北工业大学，2007.

[7] PLETTKE R，VATTER P H，VIPAVC D，et al. Investigation on the process parameters and process window of three-roll-push-bending[C]//HIN DUJA S，LI L. Proceedings of the 36th International MATADOR Conference. London：Springer，2010：25-28.

[8] GANTNER P，BAUER H，HARRISON D K，et al. Free-bending—A new bending technique in the hydroforming process chain[J]. Journal of Materials Processing Technology，2005，167(2-3)：302-308.

[9] GUO X，MA Y，CHEN W，et al. Simulation and experimental research of the free bending process of a spatial tube[J]. Journal of Materials Processing Technology，2018，255:137-149.

[10] 陈戟铭. 薄壁管数控弯曲成形壁厚变薄的数值分析[D]. 西安:西北工业大学，2003.

[11] 田玉丽，杨合，李恒,等. 6061-T4 大直径薄壁管数控弯曲壁厚变化实验研究[J]. 材料科学与工艺，2012，20(2):23-29，34.

[12] 叶福民，章威. 薄壁圆管绕弯壁厚减薄数值模拟研究[J]. 江苏科技大学学报：

自然科学版，2013，27(1):39-42.

[13] 林兵兵，徐雪峰，王高潮，等. 薄壁管数控绕弯成形壁厚减薄的主要影响因素研究[J]. 锻压技术，2016(1):131-136.

[14] 梁正龙，吴建军，张增坤，等. 助推对薄壁不锈钢管绕弯成形质量的影响[J]. 塑性工程学报，2015，22(03):68-73.

[15] YANG H，YAN J，ZHAN M，et al. 3D numerical study on wrinkling characteristics in NC bending of aluminum alloy thin-walled tubes with large diameters under multi-die constraints[J]. Computational Materials Science，2009，45(4):1052-1067.

[16] 林艳. 薄壁管数控弯曲成形过程失稳起皱的数值模拟研究[D]. 西安：西北工业大学，2003.

[17] 林艳，杨合，李恒，等. 薄壁管数控弯曲过程中失稳起皱的主要影响因素[J]. 航空学报，2003，24(5):456-461.

[18] ZHAO G Y，LIU Y L，DONG C S，et al. Analysis of wrinkling limit of rotary-draw bending process for thin-walled rectangular tube[J]. Journal of Materials Processing Technology，2010，210(9):1224-1231.

[19] LIU C，LIU Y，SUN H. A novel method to reduce the distortion of ridged rectangular tube in H-typed rotary draw bending[J]. The International Journal of Advanced Manufacturing Technology，2019,104:2149-2161.

[20] 寇永乐，杨合，詹梅，等. 薄壁管数控弯曲截面畸变的实验研究[J]. 塑性工程学报，2007，14(5):26-31.

[21] 鄂大辛，宁汝新，胡新平，等. 管材弯曲中壁厚变化引起横截面畸变的试验研究[J]. 航空制造技术，2005(12):60-63.

[22] 鄂大辛，宁汝新，古涛. 弯管横截面畸变的试验与分析[J]. 兵工学报，2006，27(4):698-701.

[23] 鄂大辛，张小昂，古涛，等. 弯管不同位置横截面畸变的有限元模拟及试验[J]. 航空制造技术，2008(22): 91-93.

[24] ZHAO G Y，LIU Y L，YANG H，et al. Cross-sectional distortion behaviors of thin-walled rectangular tube in rotary-draw bending process[J]. Transactions of Nonferrous Metals Society of China，2010，20(3):484-489.

[25] LI H，SHI K P，YANG H，et al. Springback law of thin-walled 6061-T4 Al-

alloy tube upon bending[J]. Transactions of Nonferrous Metals Society of China，2012，22(2):357-363.

[26] 贾美慧，唐承统. 不锈钢管材弯曲成形回弹预测模型研究[J]. 北京理工大学学报，2012，32(9):910-914.

[27] E D X，LIU Y. Springback and time-dependent springback of 1Cr18Ni9Ti stainless steel tubes under bending[J]. Materials & Design，2010，31(3): 1256-1261.

[28] LI H，YANG H，TIAN Y L，et al. Geometry-dependent springback behaviors of thin-walled tube upon cold bending [J]. Science China Technological Sciences，2012，55(12):3469-3482.

[29] LI H，YANG H，SONG F F，et al. Springback characterization and behaviors of high-strength Ti-3Al-2.5V tube in cold rotary draw bending[J]. Journal of Materials Processing Technology，2012，212(9):1973-1987.

[30] 俞汉清，陈金德. 金属塑性成形原理[M]. 北京:机械工业出版社，2011.

[31] 张冬娟. 板料冲压成形回弹理论及有限元数值模拟研究[D]. 上海:上海交通大学，2006.

[32] LI H，YANG H，ZHAN M，et al. Deformation behaviors of thin-walled tube in rotary draw bending under push assistant loading conditions[J]. Journal of Materials Processing Technology，2010，210(1):143-158.

[33] LI H，YANG H. A study on multi-defect constrained bendability of thin-walled tube NC bending under different clearance[J]. Chinese Journal of Aeronautics，2011，24(1):102-112.

[34] SONG F F，YANG H，LI H，et al. Springback prediction of thick-walled high-strength titanium tube bending[J]. Chinese Journal of Aeronautics，2013，26(5): 1336-1345.

[35] XIA Y Y，LIU Y L，LIU M M，et al. Cross-sectional deformation of H96 brass double-ridged rectangular tube in rotary draw bending process with different yield criteria[J]. Chinese Journal of Aeronautics，2020，33(6): 1788-1798.

[36] 张洪烈. 考虑各向异性本构的H96双脊矩形管E弯截面变形研究[D]. 西安:西北工业大学，2018.

[37] 庄苗,由小川,廖剑晖,等. 基于 ABAQUS 的有限元分析和应用[M]. 北京:清华大学出版社,2009.

[38] 叶繁,熊韬,吴逸凡,等. 基于 UG 和 ANSYS 的机械手应力仿真研究[J]. 农机与农艺,2023,42-44.

[39] 孙永宾. 基于 Marc 的焊接过程数值模拟方法研究与应用[D]. 天津:天津理工大学,2014.

[40] GU R,YANG H,ZHAN M,et al. Springback of thin-walled tube NC precision bending and its numerical simulation [J]. Transactions of Nonferrous Metals Society of China,2006,16:631-638.

[41] ZHANG Z,YANG H,LI H,et al. Thermo-mechanical coupled 3D-FE modeling of heat rotary draw bending for large-diameter thin-walled CP-Ti tube[J]. The International Journal of Advanced Manufacturing Technology,2014,72:1187-1203.

[42] AL-QURESHI H A. Elastic-plastic analysis of tube bending [J]. International Journal of Machine Tools and Manufacture,1999,39(1):87-104.

[43] EL MEGHARBEL A,EL NASSER G A,EL DOMIATY A. Bending of tube and section made of strain-hardening materials[J]. Journal of Materials Processing Technology,2008,203(1-3):372-380.

[44] ZHAN M,WANG Y,YANG H,et al. An analytic model for tube bending springback considering different parameter variations of Ti-alloy tubes[J]. Journal of Materials Processing Technology,2016,236:123-137.

[45] LI H,YANG H,SONG F F,et al. Springback nonlinearity of high-strength titanium alloy tube upon mandrel bending [J]. International Journal of Precision Engineering and Manufacturing,2013,14(14):429-438.

[46] ZHAN M,YANG H,HUANG L,et al. Springback analysis of numerical control bending of thin-walled tube using numerical-analytical method[J]. Journal of Materials Processing Technology,2006,177(1-3):197-201.

[47] ZHU Y X,LIU Y L,LI H P,et al. Springback prediction for rotary-draw bending of rectangular H96 tube based on isotropic,mixed and Yoshida-Uemori two-surface hardening models[J]. Materials & Design,2013,47:

200-209.

[48] XUE X，LIAO J，VINCZE G，et al. Modelling of mandrel rotary draw bending for accurate twist springback prediction of an asymmetric thin-walled tube[J]. Journal of Materials Processing Technology，2015，216：405-417.

[49] 栗振斌.数控弯管回弹的有限元数值预测与补偿研究[D]. 西安：西北工业大学，2004.

[50] MENTELLA A，STRANO M. Rotary draw bending of small diameter copper tubes：predicting the quality of the cross-section[J].Proceedings of the Institution of Mechanical Engineers，Part B：Journal of Engineering Manufacture，2011，226(2)：267-278.

[51] SHEN H，LIU Y，QI H，et al. Relations between the stress components and cross-sectional distortion of thin-walled rectangular waveguide tube in rotary draw bending process[J]. The International Journal of Advanced Manufacturing Technology，2013，68(1-4)：651-662.

[52] 鄂大辛，周大军. 金属管材弯曲理论及成形缺陷分析[M]. 北京：北京理工大学出版社，2016.

[53] E D X，CHEN J，YANG C. Plane strain solution and cross-section flattening analysis in tube bending with linear hardening law[J]. The Journal of Strain Analysis for Engineering Design，2013,48(3)：198-211.

[54] LU S，FANG J，WANG K. Plastic deformation analysis and forming quality prediction of tube NC bending[J]. Chinese Journal of Aeronautics，2016，29(5)：1436-1444.

[55] TANG N C. Plastic-deformation analysis in tube bending[J]. International Journal of Pressure Vessels and Piping，2000，77(12)：751-759.

[56] FANG J，LU S，WANG K，et al. Effect of mandrel on cross-section quality in numerical control bending process of stainless steel 2169 small diameter tube[J]. Advances in Materials Science and Engineering，2013：1-9.

[57] LIU K，LIU Y，YANG H. An analytical model for the collapsing deformation of thin-walled rectangular tube in rotary draw bending[J]. The International Journal of Advanced Manufacturing Technology，2013，69：

627-636.

［58］刘鸿文. 板壳理论［M］. 杭州:浙江大学出版社，1987.

［59］余同希，章亮炽. 塑性弯曲理论及其应用［M］. 北京：科学出版社，1992.

［60］XIAO Y，LIU Y，YANG H. Research on cross-sectional deformation of double-ridged rectangular tube during H-typed rotary draw bending process ［J］. The International Journal of Advanced Manufacturing Technology，2014，73：1789-1798.

［61］LIU C，LIU Y，YANG H. Influence of different mandrels on cross-sectional deformation of the double-ridge rectangular tube in rotary draw bending process ［J］. The International Journal of Advanced Manufacturing Technology，2017，91：1243-1254.

［62］ZHANG H，LIU Y，YANG H. Study on the ridge grooves deformation of double-ridged waveguide tube in rotary draw bending based on analytical and simulative methods［J］. Journal of Materials Processing Technology，2017，243：100-111.

［63］ZHANG H，LIU Y. An innovative PVC mandrel for controlling the cross-sectional deformation of double-ridged rectangular tube in rotary draw bending ［J］. The International Journal of Advanced Manufacturing Technology，2018，95：1303-1313.

［64］SUN X，LIU C，LIU Y，et al. Influence of mandrel parameters on cross-sectional deformation of H96 double-ridged rectangular tube with ridge groove fillers in H-typed rotary draw bending［C］// Procedia Manufacturing，2018，15：812-819.

［65］LIU M，LIU Y，ZHAN H. Forming quality of thin-walled rectangular waveguide tube during small-radius rotary draw bending under different push assistant matching conditions［J］. The International Journal of Advanced Manufacturing Technology，2019，104：3095-3105.

［66］LIU H，LIU Y，DU X. Cross-sectional deformation of high strength steel rectangular welded tube in rotary draw bending with different constitutive relationships［J］. The International Journal of Advanced Manufacturing Technology，2020，107：4333-4344.

[67] LIU H，LIU Y. Cross section deformation of heterogeneous rectangular welded tube in rotary draw bending considering different yield criteria[J]. Journal of Manufacturing Processes，2021，61：303-310.

[68] LIU K，LIU Y，YANG H. Experimental and FE Simulation Study on Cross-Section Distortion of Rectangular Tube under Multi-Die Constraints in Rotary Draw Bending Process [J]. International Journal of Precision Engineering & Manufacturing，2014，15(4)：633-641.

[69] DONG J，LIU Y，YANG H. Research on the sensitivity of material parameters to cross-sectional deformation of thin-walled rectangular tube in rotary draw bending process[J]. Journal of Materials Research，2016，31 (12)：1784-1792.

[70] ZHAN H，LIU Y，ZHANG H. Study on cross-sectional deformation of rectangular waveguide tube with different materials in rotary draw bending [J]. Journal of Materials Research，2017，32(20)：3912-3920.

[71] LIU K，ZHENG S，ZHENG Y，et al. Plate assembly effect and cross-section distortion of rectangular tube in rotary draw bending[J]. The International Journal of Advanced Manufacturing Technology，2017，90：177-188.

[72] LIU M，LIU Y，ZHAN H. Cross-sectional deformation of thin-walled rectangular tube in small-radius rotary draw bending under different die sets [J]. The International Journal of Advanced Manufacturing Technology，2019，100：311-320.

[73] YANG H，LIN Y. Wrinkling analysis for forming limit of tube bending processes[J]. Journal of Materials Processing Technology，2004，152(3)：363-369.

[74] CHEN J，E D，ZHANG J. Effects of process parameters on wrinkling of thin-walled circular tube under rotary draw bending[J]. The International Journal of AdvancedManufacturing Technology，2013，68：1505-1516.

[75] TIAN S，LIU Y，YANG H. Effects of geometrical parameters on wrinkling of thin-walled rectangular aluminum alloy wave-guide tubes in rotary-draw bending[J]. Chinese Journal of Aeronautics，2013，26(1)：242-248.

［76］ E D X，CHEN J，DING J，et al. In-plane strain solution of stress and defects of tube bending with exponential hardening law［J］. Mechanics Based Design of Structures and Machines，2012，40(3)：257-276.

［77］ 鄂大辛，宁汝新，李延民，等. 弯管壁厚减薄与材料特性关系的试验研究［J］. 材料科学与工艺，2008，16(2)：200-203.

［78］ ZHANG Z，LI D，WU J，et al. Investigation on the wall thickness variation of an eccentric tube in rotary draw bending process［J］. Engineering Computations，2023，40(4)：957-971.

［79］ ZHU Y，CHEN W，TU W，et al. Three-dimensional finite element modeling of rotary-draw bending of copper-titanium composite tube［J］. The International Journal of Advanced Manufacturing Technology，2020，106：2377-2389.

［80］ LIANG J，LI J，WANG A，et al. Study on the influence of different cores on section quality in the process of pure rolling rotary draw bending wrinkling of profiles with"日"-shape section［J］. The International Journal of Advanced Manufacturing Technology，2020，110：471-479.

［81］ LIU H，LIU Y，ZHANG P，et al. Effect of weld zone and corner with cold bending effect on wrinkling of rectangular welded tube in rotary draw bending［J］. Thin-Walled Structures，2020，157：107115.

［82］ HA T，WELO T，RINGEN G，et al. A strategy for on-machine springback measurement in rotary draw bending using digital image-based laser tracking ［J］. The International Journal of Advanced Manufacturing Technology，2021，119：705-718.

［83］ SUN H，LI H，GONG F，et al. Filler parameters affected wrinkling behavior of aluminum alloy double-layered gap tube in rotary draw bending process ［J］. The International Journal of Advanced Manufacturing Technology，2022，119：5261-5276.

［84］ FU M，WANG Z，ZHANG S，et al. Full-cross-section deformation characterization of Cu/Al bimetallic tubes under rotary-draw-bending based on physics-driven B-spline curves fitting［J］. Materials & Design，2022，215：110493.

[85] SIMONETTO E，GHIOTTI A，BRUSCHI S. Numerical modelling of Direct Hot Tube Rotary Draw Bending of 22MnB5 High Strength Steel[C]//CIRP Journal of Manufacturing Science and Technology，2022，37：547-558.

[86] NADERI G，TORSHIZI S E M，DIBAJIAN S H. Experimental-numerical study of wrinkling in rotary-draw bending of tight fit pipes[J]. Thin-Walled Structures，2023，183：110428.

[87] BORCHMANN L，HEFTRICH C，KNOCHE J，et al. Control of material flow using measuring methods for wrinkle and crack detection during rotary draw bending[C]//Procedia CIRP，2023，118：857-862.

[88] 展学鹏. 高强铝合金搅拌摩擦渐进成形宏微观机理和性能研究[D]. 上海：上海交通大学，2022.

[89] 雷超. 7050 铝合金蠕变时效全过程形性协调机理研究[D]. 西安：西北工业大学，2018.

[90] 陈国亮. AA2024 铝合金同步冷却热成形工艺应用基础研究[D]. 南京：南京航空航天大学，2017.

[91] 胡志力. 2024 铝合金搅拌摩擦焊管材塑性变形行为研究[D]. 哈尔滨：哈尔滨工业大学，2013.

[92] 张成行. 2024/7075 异种高强铝合金搅拌摩擦焊接头组织性能演变规律研究[D]. 重庆：重庆大学，2021.

[93] 杨超. 6000 系铝合金双面/双轴肩搅拌摩擦焊接接头组织与性能研究[D]. 合肥：中国科学技术大学，2020.

[94] 曹俊. 7050 铝合金塑性铰变形损伤与精准断裂基础研究[D]. 西安：西北工业大学，2019.

[95] CAO J，LI F，MA X，et al. Study of fracture behavior for anisotropic 7050-T7451 high-strength aluminum alloy plate[J]. International Journal of Mechanical Sciences. 2017，128-129：445-458.

[96] CAO J，LI F，MA X，et al. A modified elliptical fracture criterion to predict fracture forming limit diagrams for sheet metals[J]. Journal of Materials Processing Technology. 2018，252：116-127.

[97] 胡启. 轻质高强板塑性变形的各向异性屈服准则与失效模型的理论研究[D]. 上海：上海交通大学，2019.

[98] HU Q, LI X, HAN X, et al. A normalized stress invariant-based yield criterion: modeling and validation[J]. International Journal of Plasticity, 2017, 99:248-273.

[99] HU Q, ZHANG L, OUYANG Q, et al. Prediction of forming limits for anisotropic materials with nonlinear strain paths by an instability approach [J]. International Journal of Plasticity, 2018, 103:143-167.

[100] HU Q, LI X, CHEN J, et al. Forming limit evaluation by considering through-thickness normal stress: theory and modeling[J]. International Journal of Mechanical Sciences, 2019, 155: 187-196.

[101] ZHOU Y, HU Q, CHEN J. A concise analytical framework for describing asymmetric yield behavior based on the concept of shape functions[J]. International Journal of Plasticity, 2023, 164:103593.